高等院校“十三五”规划教材
GAODENG YUANXIAO SHISANWU GUIHUA JIAOCAI

中外建筑史

The Chinese and foreign history of architecture

主编◎李锦林

北京工艺美术出版社

图书在版编目（CIP）数据

中外建筑史/李锦林主编．—北京：北京工艺美术出版社，2017.2（2024.8重印）
高等院校艺术设计“十三五”规划教材
ISBN 978-7-5140-1143-2

Ⅰ．①中… Ⅱ．①李… Ⅲ．①建筑史－世界－高等学校－教材 Ⅳ．①TU-091

中国版本图书馆CIP数据核字（2016）第303657号

总 策 划：肖大洲

出 版 人：夏中南
责任编辑：杨世君　冯淑泰
封面设计：许军辉
版式设计：北京纬图博文文化传媒
责任印制：范志勇

高等院校艺术设计“十三五”规划教材
中外建筑史
ZHONGWAI JIANZHUSHI
李锦林　主编

出　版　北京工艺美术出版社
发　行　北京美联京工图书有限公司
地　址　北京市西城区北三环中路6号　京版大厦B座702室
邮　编　100120
电　话　（010）58572763（总编室）
（010）58572878（编辑室）
（010）64280045（发　行）
传　真　（010）64280045/58572763
经　销　全国新华书店
印　刷　河北文盛印刷有限公司
开　本　889毫米×1194毫米　1/16
印　张　10
版　次　2017年2月第1版
印　次　2024年8月第2次印刷
印　数　3001～7000
定　价　52.80元

前言

建筑艺术是一门综合性很强的艺术门类，融各种造型艺术于一体，是人类文明发展的见证与结晶。学习与研究建筑艺术，有助于高校艺术设计及美术类专业学生了解建筑艺术及其他门类造型艺术的发展及成果，拓宽知识面，提升对各类艺术门类的认知度。

本书包括绪论、中国篇和外国篇3个部分。绪论部分主要论述建筑的一般审美原则，目的在于加强对方法论的学习，提高读者对建筑的认知和欣赏能力。全书基本按照历史发展的脉络，对中外建筑的发生、发展演变的历程进行梳理。教材参照其他学者的研究成果，对各个时期建筑的风格、流派进行介绍，力求全面；同时对典型风格建筑进行较详尽的实例介绍，突出重点，做到点面结合，主次分明。

全书内容追求简洁明了，条理清晰，一方面对中外建筑文化历程有一个大致的概括，同时对重点案例进行剖析，并根据视觉艺术的需要，辅以大量精美图片，使读者对建筑艺术有非常直观的感受。另一方面，运用现代审美方法论，对建筑进行简要的点评，帮助读者自觉运用相关知识鉴赏解读建筑，对建筑有更深切的辨析能力。

因时间较为仓促，本书在文字及图片资料的准备上仍显不足，且经验缺乏，错误与纰漏在所难免。同时建筑研究本应是作者亲历其事，但短时间内无疑是艰巨之事，因此教材实例部分借鉴参考了大量文献及图片资料，也有部分的摘录转载，编者在此对原作者表示无比的敬意与谢意。

——编者

编 委 会

主　编： 李锦林（海口经济学院）

副主编： 狄红霞（海口经济学院）

吴胜泽（海口经济学院）

谷云黎（西南科技大学）

黄益聪（广西建设职业技术学院）

陈　华（湖北科技职业学院）

崔龙雨（亳州学院）

周　欣（湖南生物机电职业技术学院）

于川东（烟台职业学院）

编　委： 李珊珊（山东圣翰财贸职业学院）

欧阳玺（长沙商贸旅游职业技术学院）

胡　旺（成都农业科技职业学院）

谭　炜（南充职业技术学院）

目录
CONTENTS

中外建筑史 · 外国篇

绪论 建筑艺术的审美法则

从物质的角度来讲，建筑是为人类进行各种活动而创造的一种人为环境；从意识层面来讲，人们还赋予了建筑丰富的精神内涵。人们在营造建筑的时候，通过丰富的艺术手段把人类自身的情感深深地融入建筑之中，形成了建筑特有的语言，使建筑有了能与人类对话交流的属性，即建筑的审美性。

审美是人类一项独有的高级、特殊和复杂的精神活动，是审美主体与客体之间双向作用的结果。一个人的艺术修养和鉴赏能力决定了他的审美感受和鉴赏态度，这能力不是与生俱来的，而是在长期的社会实践和学习过程中培养起来的。审美主体只有掌握了一定的鉴赏能力，才能对美产生共鸣，从而更深刻地了解各类艺术形式的审美价值。

建筑是以视觉要素为主进行设计的空间造型，其视觉要素——形、质、色——按一定的形式美法则交互综合，从而构成千姿百态的建筑形态。因此，学习建筑艺术的审美法则（形、质、色按一定的法则在建筑中的运用），是我们了解建筑艺术的基本条件。

一、建筑的造型

造型是建筑艺术打动人心的主要语言，而创造这种语言的具体思维与实现过程就是建筑造型设计。良好的建筑造型有很强的诱惑力、感染力甚至是震撼力，能引起人们的关注、联想、赞美，能唤起人们的激情，给人以美的享受，这些建筑造型一般都符合比例优美、尺度适合、多样与统一结合、节奏与韵律和谐等美学法则。

1. 尺度与比例

“尺度”一词是比例与规模发生关系的时候，涉及某些局部与整体的关系的标尺。一种标准通常是由一个尺度来确定的，比例是部分与部分或部分与整体之间的数量关系。尺度是精确的比例概念。比例是构成设计中一切单位大小，以及各单位间编排组合的重要因素。在绘画、雕塑以及建筑设计中，比例是指形态的长短关系和面积的大小关系。

尺度以人为标准来决定，必须满足人的物质和精神需求。建筑形象应该表达出人的审美需求尺度，遵循和谐均衡的尺度关系，给人以高大、粗壮稳定、精巧玲珑或舒适宜人的感觉。同时，也可根据某种主题的需要，强调尺寸的规模，会产生特别的视觉效果，如哥特式教堂的矗立感，巨大的穹顶所造成的压迫感，金字塔的永恒感等。

比例的和谐是视觉的需要，文艺复兴大师达·芬奇说：“美感完全建立在各部分之间神圣的比例关系上。”一个元素如果跟其他元素形成不合比例的视觉关系，我们就会觉得不舒服。比如，建筑室内陈设应以室内空间的大小来设置家具的尺度，使家具与室内空间的比例关系协调，从而使整个室内空间趋于和谐。

2. 多样与统一

多样与统一是建筑艺术审美中一对非常重要的范畴，多样性通过

图1 希腊帕提农神庙的多立克柱式

图2 美丽的苏州园林

图3 德国科隆大教堂正面

图4 建筑室内陈设

图5 北京交道口菊儿胡同新四合院住宅小区

对比来获得。

对比又称对照，把反差很大的两个视觉要素成功地配列于一起，虽然使人感受到鲜明强烈的刺激而仍是具有统一感的现象称为对比。对比能使主体更加鲜明，视觉效果更加活跃，如曲直、方圆、大小、轻重等。统一则是把所有的要素当作一个整体加以处理和表现，通过对各要素共性因素的强调，达成一个完整和谐的效果。

缺少多样性的建筑会显得单调无味，而过分的对比则会使建筑显得刺激强烈，杂乱无章，甚至支离破碎。因此，优美的建筑通常整体上是有序的，而局部又有满足视觉追求新奇的多样性。要达到建筑艺术的多样与统一，有几个方面值得注意。

（1）主从关系方面。建筑艺术是有机统一的整体，各组成部分应当有主从和重点与非重点之分，不宜不加区别地同等对待。在单个或群体性建筑中，应先有一个强势的，能主导人们视觉的主体，这是统一的基本保证。在这个主体的基调下，各从属部分适当的多样性处理，可取得整体和谐、局部生动的良好视觉效果。

（2）建筑造型元素的重复和交替方面。建筑空间及建筑构图中某种形态和某个主题的重复与再现，将会产生整体性的和谐统一，同时在重复和交替时，注意重复和交替中蕴含变化，有主有从，实虚相间，避免单调。贝聿铭先生在设计北京香山饭店时便成功使用中国式窗棂，重复与交替，使这个中国元素得以强化，视觉感官上整体性强，和谐统一。

3. 节奏与韵律

节奏原指音乐中节奏轻重缓急的变化和重复。在建筑艺术上指以同一要素连续重复时所产生的运动感。韵律原指音乐、诗歌中音的高低、轻重、长短的组合，匀称的间歇或停顿，相同音色的反复。具有积极的生气，也具有加强魅力的能量。

自然界的事物和形态往往是有规律、有秩序的重复再现，建筑创作也普遍采用这种方式体现形式美。条理性、重复性是创造节奏与韵律的前提。节奏与交替比较近，但节奏体现为在交替变化中有一个元素处于主导地位，简单重复再现，而其他元素处于从属地位，主导元素表现得越突出，节奏感就越强。韵律不是一般形式上的简单重复，而是有渐变的节奏，形状、形态、长度、宽度、密集、凹凸、色彩等的渐变，形成既不单调、拘谨，又自然流畅、有韵味，富有象征和诗意的形式美。东西方古典建筑和现代建筑都体现出韵律美，在建筑创作中“几何母题”的概念就是重复与交替、节奏与韵律的表现。

二、建筑的材质

建筑师们在应用材料时除了要考虑其物理性质外，还要更多地考虑材料所能带给人们的视觉感受。建筑实体或是精致，或是粗糙，或是时尚，或是永恒，这些都要通过表面材质传达出来。叔本华在《叔本华论说文集》中写道："通过感官对材质、硬度、内聚性等方面的直接体验，对于理解一件建筑作品并从中获得美的享受来说是绝对必要的。"

首先，材质具有天然的审美本质，材料的质感作用于人们的审美感知，人们往往通过对建筑材质的视觉、触觉和综合心理反应的方式，感受到各种材质传达给我们的丰富的信息。

视觉:色彩、纹样、肌理、明暗、造型、大小、凹凸等。

触觉：光滑和粗糙、温暖和寒冷、柔软和坚硬、轻盈和沉重等。

心理效应：安全、紧张、温馨、华贵、舒适、柔和等。

其次，在建筑艺术中，一定的设计目标需要使用与这一目标相吻合的特定材质。材料之美不在于材料自身的价值高低与贵贱，而在于材料对于目标的服务作用，只有能够完美体现设计目标的材料，才是最美好的材料，简言之，材料之美，美在合理和得当。

材料的肌理是自然美的一种，意大利哲学家克罗齐在《美学原理》中说："只有用艺术家的眼光去观察自然的人，自然才表现为美……自然的美是人发现的。"肌理与质感是密不可分的，同样是花岗岩，如果表面是凿毛凹凸的，花岗岩的石英、长石所组成的肌理不清晰，给人以雄健有力的感觉；如果是精细磨光的花岗石，其天然肌理显示出来，给人以细腻、耐久、高贵的感觉。同样，精加工的砂岩作为室内装饰，深浅粗细的微粒肌理十分清晰，就会如地毯一样美；要是加工成凹凸不平的外表，就会让人觉得脆弱剥离。大理石的肌理能充分表现出人体的肌肤和衣服，如天然的水墨画；木材的肌理则因材种的不同而表现出不同的美，也可以像大理石那样表现精细的质感，但不能表现出粗糙的质感。除了加工手段及精细度外，肌理还要借助光的反射、折射才能表现其特征。所以，建筑设计中要通过艺术的构想，用艺术的手段，把材料的肌理充分地表现出来，使建筑及空间具有审美意义。

图6 北京香山饭店墙面

图7 始建于北宋的萨迦北寺

图8 德国比勒费尔德火车站入口

三、建筑的色彩

色彩是建筑华丽的外衣，当人们面对建筑，最先感知的即是色彩。色彩对视觉效果的影响极为强烈，特别是在情感表达方面占有很大的优势，往往给人非常鲜明而直观的视觉印象。色彩可以唤起机体内部的活力，在不同的程度上影响着人们的心理与行动。因此了解色彩的基本原理和配置，以及色彩学在建筑艺术中的运用，对建筑艺术的审美活动有着非常重要的作用。

1. 色彩的情感

色彩具有精神的价值。其层次包括：直接的刺激，间接的联想，人的观念、信仰。大量的事实说明，色彩在其物理性质存在的同时，也具备表达情感、影响人们心理活动的功能，有着传达信息、感染情绪、唤起记忆、产生联想、象征事物和导致行为等多种意义。

色彩的感觉过程，是人们对色彩知觉所经历的经验性（物理——生理——心理）过程，是客观认识对象（物体色）与主观认识主体（人的创造性思维活动）相互作用、辩证统一的复杂心理活动过程。

色彩的直接心理效应来自色彩的物理光刺激对人的心理发生的直接影响，如红色使人脉搏加快，血压有所升高，情绪兴奋冲动；蓝色使人脉搏减慢，情绪也比较沉静。冷暖感觉、重量感、温度感是色彩带给我们的一些心理感受，这与我们的视觉经验和心理联想有关。色彩的明度与纯度的变化，也会引起对色彩物理印象的错觉。

另外，不同的时代和地区，建筑的色彩也有不同的含义。中国传统的建筑用色有十分严格的等级划分，黄色只能用于宫殿和宗庙建筑，或用在皇家特许的建筑上，如被尊为圣人的孔子，其祠庙——山东曲阜孔庙建筑便是用黄瓦红墙，满雕龙纹，是中国唯一一座宫殿制式的民间建筑。而普通民间百姓的建筑只能用灰、白等朴素的颜色。

2. 色彩的配置

色彩本身没有绝对的美或不美，应该说，只有不美的色彩组织，而没有不美的色彩，色彩的美是在色彩之间的相互组合关系中体现的，我们研究色彩就是要解释他们的关系。

不同颜色并置，在比较中呈现色相的差异称为色相对比。对比后两种色的特征更为明确。例如，橙红与紫红比较，橙明显偏向黄色，紫明显偏向蓝色。

从色相环的角度，我们可做如下分析：

（1）同类色相对比：如紫味红、紫红、红、橙红、橙味红，色相共性大，形象模糊，色调和谐，产生融洽、含蓄、静谧、朴素的感受，但容易产生脆弱的感受。

（2）类似色对比：如蓝与绿味蓝、蓝与紫味蓝，色相差很小，调式统一，有利于突出某一色相的色调，注重色相的微妙变化。

（3）邻近色对比：如黄与绿、橙与黄、红与橙，统一明确，对比清晰，在色相因素上自然有相互渗透之处，但仍具有明显的相貌特征，都为单色光，是一种容易掌握、容易出效果的配色方法。

（4）原色对比：红、黄、蓝在色相环上各自均为极端的色，它们之间的对比是色相对比中的最强对比，反映出最强烈的色相气质，这种色彩对比很难在自然界的色调中出现，更具有精神的特征，如国旗的颜色。

（5）补色对比：如蓝与橙、黄与紫、红与绿。补色的概念出自视觉生理所需求的色彩补偿现象，与其看作对立的色，不如看作姻缘之色。因为补色的出现总是符合眼睛的需要。一对补色并置在一起，可以使对方的色彩更加鲜明，如红与绿搭配，红变得更红，绿变得更绿。

在色彩运用中，以下3对典型补色对比是较为常用的：

黄与紫：明暗对比强烈，色相个性悬殊，是3对补色中最冲突的色。

蓝与橙：明暗对比居中，冷暖对比最强，是最活跃生动的色彩对比。

红与绿：明暗对比近似，冷暖对比居中，在3对补色中显得十分优美。由于明度接近，两色相互强调的作用非常明显，有炫目的效果。

补色对比的对立性促使对立双方的色相更鲜明，它的视觉生理适应性使补色关系天然和谐，因此补色对比是最有美感价值的配色。在建筑中补色使用往往可以达到十分优美的效果，如中国传统宫殿建筑用色中，就大量使用纯丹（朱红）和冷色青绿（蓝色和绿色）作反衬之用，并衬之青绿点金、彩绘花纹，这种色彩配置效果使宫殿建筑显得气象庄严，雍容华贵。

3. 色彩的运用效应

（1）色彩与材质效应：色彩是伴随着材料的诞生而出现的，所以色彩是材料的天然属性。随着科技的进步和材料科学的发展，用于设计中的材料日益增多，其中包括新发现的天然材料和新创造的人工材料。

材料的质地、质感丰富了色彩的表现力。材料的质地是它表面的粗糙程度，良好的质地有强调色彩的作用，反之，则有抑制色彩的作用。由于粗糙材料的反射率比较低，所以在粗糙材料上的色彩看起来要比光泽材料上的色彩更浓重。此外，色彩对改变材料的视觉效果有一定的作用，色彩能给人冷暖、远近、软硬、轻重等感觉，因此将适当的色彩运用在材料上，可以改变材料给人的感受。

（2）色彩的建筑面积效应：客观的物象无论是点、线、面还是体，一旦在视网膜上成像，都占有一定的面积，没有面积就不能成像，没有面积就不会有体积感，所以视面积是色彩存在的不可缺少的因素。视面积的大小对色彩心理有较大的影响，视面积越大，心理作用越强；视面积越小，心理作用越弱。人对色彩的感觉因色彩面积不同而有明显的差别。一平方厘米的大红，会使人觉得鲜艳可爱，一平方米的大红，会让人感到兴奋激动，而一百平方米的大红，则让人觉得过分刺激，使人烦躁或疲倦。

建筑室外色彩的使用一般都是大面积的，在小块色板上看起来很清淡的颜色，一旦涂到墙面上就可能会使人觉得鲜明和浓重。因此，在建筑上用色，除小面积以浓重鲜明的颜色作为点缀外，一般应降低彩度，否则就难以获得预期的视觉效果。

图9 钓鱼台国宾馆贵宾楼（18号楼）

图10 一座古老的欧洲小镇

图11 太和殿的用色

图12 中国宫殿的门扇

图13 英国卫理公会女子学院音乐学院

图1-1 日本法隆寺（中式建筑特征明显）

图1-2 明代东岳庙飞云楼

图1-3 太和殿石阶原物

图1-4 太和殿石阶修复后

中外建筑史·中国篇

第一章 中国传统建筑概述

第一节 中国传统建筑的特征

一个国家或地区的建筑，在物质方面依赖于当时当地的气候、物产；在意识方面又会随着国家的政治经济、思想文化以及科学技术的发展状况而改变。反过来，建筑的规模、形体、工程技术、艺术流派的演变，也反映了其民族的文化特点以及兴衰演变。所以，建筑活动与民族文化动向相牵连，互为因果。

中国传统建筑是影响世界建筑格局的重要体系之一，自公元前15世纪到清朝末年，虽然中国与世界各国的文化交流不断，但中国传统建筑的基本结构及布置原则在数千年时间里并没有突然变化的迹象，而仅有缓和的变迁。

中国传统建筑以其特殊的建造传统和风格特征对东亚、东南亚乃至世界其他各地都产生了深远的影响。总体上来看，具有如下显著特征。

一、以木料为主要建筑材料

中国传统建筑始终以木材为主要建筑材料，在结构方面穷尽木材应用之能事，既满足实际需要，又造就了完美的形态。

中国古代已经掌握了砖石建造技术，但并没有像其他国家那样大量发展砖石建筑，其中的原因相当复杂，其中对石材力学性质的了解不够是一个重要原因。石材强于压力，而张力、曲力、弹力较弱，与木材相反，而用石又如用木（凿石为卯），而不知利用其压力来垒砌，故崩坏者多。另外中国古代未能发明类似于混凝土的石材垫灰也是原因之一。

二、间架式的结构原则

在中国传统建筑中，水平向木材称为“梁”，垂直向木材称为“柱”，中国传统建筑面宽通常由若干“间”组成，合围这个“间”的结构通常是立柱和横梁。间架式构成了中国传统建筑最基本的平面布局和结构体系。这种结构的特点就是建筑物上部的一切荷载均由梁柱构架负担，承重者为立柱和梁枋，墙壁为“隔断墙”，不承重，所以有“墙倒屋不倒”的说法。

间架式建筑在现代称为框架式。现代建筑的钢筋混凝土结构的建筑便是框架式。

三、斗拱为关键的结构，并作为度量单位

在木构架的横梁与立柱间过渡处，横材方木相互垒叠，前后伸出为斗拱。斗拱作为大型或较大建筑柱子与屋架之间的承接过渡部分，承受上部梁架屋面的荷载，并传导至柱子，再由柱子传到基础，即斗拱有传导荷载的功能。后来的斗拱逐渐变为装饰（采用砖墙，出檐变近许多，作用减少），也成为区别建筑等级的标志。越高贵的建筑斗拱越复杂、繁华。

斗拱的尺寸也是衡量房屋及其他构件大小的基本单位。在它成型之后很长一段时间内，被作为构件大小的基本尺度，到了宋代就正式成为建筑的基本模数。中国是世界上最早采用建筑模数的国家。

图1-5 唐代南禅寺大殿剖面图

图1-6 天安门

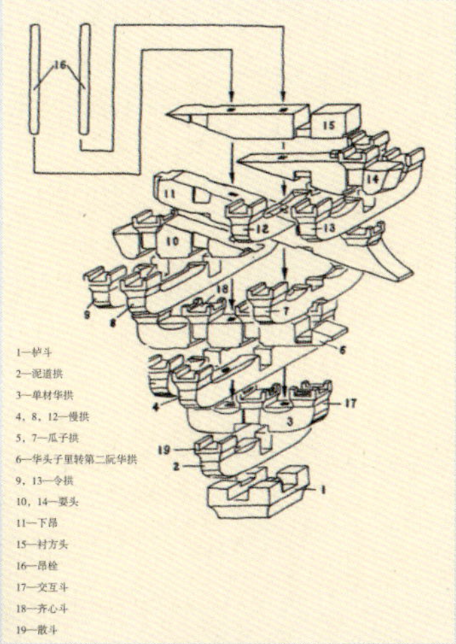

图1-7 宋代斗拱结构图

四、建筑外部特征明显

中国传统建筑有别于其他建筑，特别是外轮廓给人以优美壮观的印象，富于吸引力。

屋顶是中国古代建筑艺术中最具表现力的部分，中国历代建筑匠师总是不厌其烦地集中构造于此处，大量使用各种手段，使得屋顶坡面，脊端及檐边、转角呈各种曲线，柔和壮丽，为中国建筑物之冠冕，颇具神秘的艺术风格。在《诗经·小雅·斯干》篇中的一句：“如鸟斯革，如翚斯飞”，对中国建筑屋顶部分的特征作了较为贴切的描绘。翚是古书上一种有五彩羽毛的雉，“如鸟斯革，如翚斯飞”形容宫室之庄严华丽，飞檐凌空，如鸟儿张开翅膀在飞翔；彩画奇丽，如五彩的翚在振动翅膀。

古建筑出于防潮、增加稳定性等因素，往往建在台阶上与崇俊屋瓦相互呼应，在秦汉时期尤甚，高台之风与游猎骑射并盛，“居高临下作雄视山河之势”，其后日渐衰弛，但宋梁以后“台随檐出”仍为显著特征。

无论外面如何魁伟壮丽，屋身部分仍用木质楹柱与玲珑的窗户相间而成，很少用墙壁，相对而言显得轻盈秀丽，同时左右两侧一般较少开窗辟门。

五、以院落为建筑组织形式，注重整体性

中国古代建筑通常都是由多个建筑组成的建筑群体，凡主体建筑必有其附属建筑物，如配厢、夹室、廊、前殿、围墙、角楼等，单体建筑相对简单，但是建筑群的组

图1-8 院落式结构

图1-9 故宫的色彩

图1-10 山西灵石王家大院书院的色彩

图1-11 北京故宫

图1-12 北宋晋祠平面图

合方式却是多种多样。其组织规律也是简单明了，由单体建筑构成不同形态的庭院，并沿着纵横轴线进行扩展。每一个建筑群至少有一个庭院，大的建筑组群可由几个或几十个庭院组成。

以院落连接起来的建筑群具有很好的适应性，可以满足地形条件的限制和其他特殊功能的要求，所以在中国南北地区的使用均非常普遍，只是院落布局方式与尺度不一样。在建筑形体方面也可以借助群体之间的组合和烘托，使主体建筑显得突出，辅助建筑则可以随着地形变化而调整布局。

六、建筑的色彩

中国古典建筑在柱、屋顶、室内梁、枋等部位大量使用色彩，用来防腐或装饰，色彩主要以冷色青绿与纯丹作反衬之用、辅以青绿点金、彩绘花纹。其他部位如墙壁及柱身保留素面，屋顶的琉璃瓦和墙面基本为单色，且这些部位占据了建筑立面的大部分面积。

中国建筑物虽名为多色，但均限于纯色，且重在有节制的点缀，从而使建筑显得气象庄严，雍容华贵，虽然有较繁缛的地方，但也绝不陷入俗气。

中国封建社会等级制度森严，建筑的用色也有非常严格的限制。黄色只能用于皇家和庙宇宫殿建筑或皇帝特许的建筑，红色可以用于王公府邸，普通百姓的建筑以黑灰、白色为主。

七、平面布局中的绝对对称与绝对自由

在中国古典建筑中，宫殿、官署、庙宇甚至住宅，通常均取左右绝对整齐对称的布局，一切组织均根据中线发展。对称给人以稳定、沉静、端庄、大方的感觉，产生秩序、理性、高贵、静穆的美，使用这种布局方式的建筑大多为公共建筑，传达出一种类似永恒、力量和稳定的自信，暗示了公共建筑的尊严与权力。

反之，在中国传统建筑中以悠闲处之的园林庭院建筑，则以自由随意的变化，部署取高低曲折之趣，接近自然，营造出诗画的意蕴。在这两种截然相反的建筑平面布局中，蕴含着中国精神生活的各个方面，至为深刻。

八、传统社会意识形态对建筑影响深远

建筑总是根植于一定的环境中，包括物质与精神方面。建筑是一门以人为中心的学科，是社会化的产物，社会意识形态不可避免影响到建筑的发生与发展。

中国几千年的封建社会中，社会文化与社会意识相对稳定，其对建筑的影响十分明显且深远。

首当其冲的是传统礼制对建筑的影响，森严的等级制度使得各个阶层的建筑在平面布局、规模、形体、用材、用色等方面有着严格的规定。

如明清两朝的紫禁城，在建筑形体上，通过房屋的开间多少和屋顶形式表现房屋的等级。间数以11开间为首，屋顶按庑殿、歇山、悬山、硬山依次选用，最高者复加重檐，以此让庞大的群体通过建筑形象展示君臣、父子、夫妻的伦常关系。中国民居的四合院建筑也深刻体现着传统礼制的影响，沿中轴线排列的3个院子，中间的正院面积最大，是整个住宅空间、功能和精神的中心，而其他两个则小，仅作仆人住宅和杂物间。正屋处于主院北部，形体最大，是待客和礼仪之处；旁为耳房，为主人居室和书房；正院两侧为厢房，为子女居室。整个建筑主次分明，长幼有序，体现着封建家庭的礼制关系。

建筑活动受道德观念的制约，中国传统尚俭德，不提倡巧丽的营建之风，坛社宗庙，城阙朝市，有宗法、礼仪、制度的归依。宫馆、台榭、园林等建筑过于奢侈，要么是君王骄奢，或臣民侈僭，古史记载不美其事、不详其实，以奢侈逾制告诫后世，示其“非礼”。

整体上来说，中国建筑的精神可形容为：雍容而大度，严谨而典丽，自由而委婉，亲切而宜人。从建筑风格而言，秦汉建筑和唐代建筑分别代表了两种不同风格。

秦汉建筑风格：巨大的尺寸，突出的形象，在立面占有很大比重的屋顶，夸张的造型，浓重的色调，奠定了中国建筑的理性主义基础。

唐代建筑风格：气派宏伟，恢宏舒张，造型浑厚，轮廓参差，装饰华丽，代表了中国建筑的浪漫主义情调。

而盛清继承了前代的理性精神和浪漫情调。

第二节 中国传统建筑的形式类别及结构简况

中国建筑的源远流长，博大精深，其丰富的内涵和复杂的形式，非世界其他建筑体系可比拟。

就形式类别有：平屋、台、楼、阁、亭、轩、塔、桥、屋顶、斗拱等。

一、平屋

平屋一般指普通居处的建筑物，泛指只有一层的建筑。在封建社会，不同阶层的住宅有不同称谓，帝王住宅称为“宫、殿”；士绅的住宅称为“堂、厅、厢”；文士的住宅称为“斋、馆、庵、龛、书室、精舍、山房”。平民百姓的住宅称民宅或民居，是中国古代建筑群的基本构成单位。

平屋由间架结构而成，梁柱构成“架”，两架之间为“间”，最普通的为3间，1间、2间较少，多者5间，9间非普通人能用了，4、6、8间的很少见。

二、台

台作为单个建筑，是为了满

图1-13 唐代南禅寺大殿模型

足人们的游观之乐，可以登高望远，或作为祭祀和防卫之用，如烽火台。台最初主要是用土垒筑，随着建筑技术的发展，后来大多以砖砌或垒石来建造，为平顶而且上面没有其他建筑物。

在长期的历史演变中，人们赋予了台除实用功能之外的更多精神内涵，如《山海经》记载有轩辕台、帝尧台和帝舜台；《五经异义》中说道："天子有三台，灵台以观天象，时台以观四时施化，囿台以观鸟兽鱼鳖。"

古建筑出于防潮、增加稳定性等考虑，往往建在台阶上，因此，台也是古时建筑的有机组成部分，在层层台基的衬托下，楼阁建筑显得十分雄伟壮观。

三、楼观

楼，《说文解字》："楼，重屋也"，指的是独立的多层建筑，这是楼的一个基本概念，也与现代人的理解大致一样，而古代楼的演变又远非如此。古人修建筑，好高台之风。《尔雅》曰："四方而高曰台，狭而修曲曰楼。"在蒙昧时代，古人的建筑为生活必需，从天然岩洞的穴居氏、栖于树上的有巢氏到半地穴、普通茸屋，再到宫室，都是能遮风避雨而必备的安栖之处。随着进入文明年代，技术的进步和生活水平的提高，人们的欲望需求也进一步扩大，这时便出现了台。除了生活，人们还希望登高望远，满足游观之乐。

人的欲望似乎永无止境，有了供远眺的高台，但远眺之时却难以避免日晒雨淋之苦，于是便在台上修筑建筑物，以方便游观，甚至居住。《尔雅》中说道："观四方而高曰台，有木曰榭"。《说文解字》曰："榭，台有屋也。"台上建筑最早叫作"榭"。《左传》曰："台上构物，可以远观。"《三辅黄图》曰："周置两观以表宫门，其上可居，登之可以远观，故谓之观。"可见，台上建物可能是观，也可能是榭。而之前所述《尔雅》"狭而修曲曰楼"又是什么意思呢？据乐嘉藻先生在《中国建筑史》中论述："以势揣之，台上之面积有限，既已有榭，何能再言此斜修之物。窃意：此所谓楼者，乃台上及梯级之上部也。此式今颐和园中佛香阁及排云殿后皆有之，在佛香阁前及两侧者，可以谓之修而曲；在排云殿后者，可以谓之榭。"进而认为楼本台和廊的称谓。台上的屋子，其本名应为榭或观。而汉代的时候，楼、观、台、榭，也可以通用。汉代以后，榭观都废止不用，台上建物，专用楼字，而到唐以后，高台之风日渐衰弛，仅成为文弱之衬托，所以楼也不只限于台上建物，这即是说文解字的解释："楼，重屋也"。

榭与观在后世又移作他用，榭在明清时期，多指一面临水，一面在岸上的木结构园林建筑。如承德避暑山庄中的水心榭。而观在后来则作为中国道教、祠神之处的称谓，这种称谓源于《史记》中记载：汉武帝好神仙之术，听信方士之言，说仙人好楼居，于是在长安城修建"蜚廉观""桂观"，于甘泉做"益寿观""延寿观"，使公孙卿持节设具而候神人。

四、阁

阁，最初并非现有建筑物的名称。《礼记 · 内则》篇中述道："大夫七十而有阁"，汉郑玄注："阁以板为之，庋食物者也"，指的是在建筑物墙壁高处，一片木板下用三角木架支撑，用来存放物品，所以有"束之高阁"一说，这应该是阁最初的意思。按乐嘉藻先生的推论，这种庋物之阁后来可能越建越大，可放的物品也越来越多，而人上去取物时，可以承一两人之重，而渐渐扩大至大的建筑物，而阁也为建筑物之名了。在汉代，一些宫室之间会用一些架设在空中的通道相连，称为阁道。阁道之设，绵亘连屈，若长桥飞虹，互相通达，以便通行。而这种阁道在形式上与称为阁的建筑物也很有相同之处了。《小雅》中的："栈，阁也"属同一性质的通道，栈道因而也叫阁道。栈阁，飞阁，是在山的悬崖陡壁上凿孔，支架木桩，铺上木板而修成的窄道。而上述3种类型的建筑物，大体都有一个共同点，就是为两层或两层以上，下层空而专用上层。可以这么说，后来的两层以上建筑物，上面可以居住人，而下层为空者，就可以叫阁了，这应该是阁作为建筑物名称最原始、最基本的释意了。

我国古代对阁与楼甚难区分，故常统称为楼阁或阁楼。但从建筑历史探讨，二者仍有区别。唐代将带有“平座”的楼房称阁，无平座者则称为楼。平座是指楼上挑出的平台或走道，外沿装有栏杆，以保护行人或远眺者的安全，与今天楼房的悬挑阳台相似，只是平台下以斗拱支撑，这与之前所述阁道或栈道相似。宋李诫《营造法式》便解释平座为阁道。王勃《滕王阁序》即有“飞阁流丹，下临无地”的词句。颐和园佛香阁便是有平座之建筑物，所以名阁不名楼。

五、亭

《释名》曰：“亭，停也。”意为亭是供人们游历时休息用的建筑，多建于路旁，供行人休息、乘凉或观景，一般在景区或园林艺术中使用较多，能构成园林空间中美好的景观艺术效果。一般为开敞性结构，多根柱子支撑起圆形或多边的攒尖顶，没有墙壁，用工用材少，占地少，但形态美观，是景区的点睛之物，视野开阔，在休憩的时候能最大限度地观看风景。

亭的修建始于秦，秦制十里一亭，主要是行政区划之用。亭作为游观的建筑之用，则始于汉。唐代人们好游历，而且苑囿建筑又多，因此唐代亭的修建特别兴盛。

中国建筑更多时候为群体建筑，而亭则例外，多以独立的形式出现，往往建于山巅水涯之间，形态小而做工精致。因此人们赋予了亭更多的情感意境，古时有“孤亭”一说，亲友远行相送也是在“十里长亭”话别，更多的离别伤怀寄寓在“孤亭”之上。

六、轩

轩指建筑物前后附属的廊式建筑，上面的屋脊为曲线形，中间没有墙壁，而下面一般有栏板或栏杆。由主体殿堂的前檐延伸出来，另起一脊。明代画家仇英的《汉宫秋月图》上所绘建筑便有轩，现代建筑中也有使用轩的，如

图1-14 元代观星台

图1-15 清代孝东陵方城明楼

图1-16 广东圆玄道观

图1-17 滕王阁

图1-18 亭子

图1-19 北京协和医院

图1-20 印度桑吉大窣堵波

图1-21 北宋祐国寺塔

图1-22 明代真觉寺金刚宝座塔

北京国宾馆和协和医院。轩大部分为建筑的附属部分，后来轩也有独立出来的，如北海静心斋中的临水轩。

轩最大的特点为无梁而曲椽，因此富有曲线之美，有流动之势。现今轩这个词多用于字号或书斋名。

七、塔

印度佛教的传入也带进了佛教建筑，塔是佛教建筑当中较有特点的类型，在中国传统建筑中较为普遍。中文译为塔婆，原为印度佛教徒方坟之名，我国称“塔”，印度音为“截婆”，意为坟墓。僧人之墓，因修行级别不同，层次也不尽相同，如佛塔八重，菩萨七重等。

佛塔源于古印度的窣堵波，窣堵波是佛塔一种，又名“浮屠，浮图，佛图”，是供奉舍利、经文及各种法物的建筑。佛教在西汉末年传入我国，佛塔随之传入我国得以发展，并与中国建筑文化交融而逐渐中国化，一些多层多檐空心的佛塔，已经很像中国的阁楼。

中国建筑一般变化较少，惟有塔不一样，中国现存古塔2000多座，一塔一式，造型各异，穷尽变化之能事。

因佛教教派的不同和地区的特点，还有不同类型的塔，如金刚宝座塔、喇嘛塔等。

八、桥

在中国传统建筑中，桥梁也是一种很重要的类型。因为桥有一个跨度问题，所以桥体与桥的构造既是一项工程技术，又是一种艺术。桥梁的开始，是人类受到倒木过河的启发，修建独木桥、木梁桥。秦汉时期古代桥梁的基本类型已经形成：梁桥、索桥、浮桥和拱桥。

桥梁最基本的功能是交通，一般都处在交通要道上。传统桥梁十分注意和自然环境的协调统一，桥梁本身造型也十分优美，新月出云、长虹卧波、彩练行空等都是桥梁的造型，许多桥梁的所在地，往往也是远近闻名的风景胜地。北京的卢沟晓月、西安的灞桥风雪、青岛栈桥回澜、杭州的断桥晴雪等，都是引人入胜的美景，自古以来人们都把登桥赏景视为一件快乐的事。

九、牌坊

坊本是用于区划的，春秋战国到隋唐，实行里坊制，将城市居住区划分成若干里坊，四周筑高墙，出入口设坊门，坊门即指牌坊。后来在一些重要建筑群的前面，或在街道的两头、十字路口，大多设牌坊。牌坊对建筑能起到标志的作用，所以把它视为标志性小品建筑，它不但能起到划分和控制环境空间的作用，而且也增添了建筑群体的艺术表现力。另外牌坊也有明志的作用，古时常树立牌坊表彰具体的人和事，宣扬传统道德，如功德牌坊、贞洁道德牌坊等。

牌坊的制作与装饰加工都非常精美，生动的雕刻和奇丽的彩画交相辉映，具有很高的艺术审美价值。由于它具有中国木构建筑的典型形象（立柱、横梁、斗拱、屋顶、彩画和琉璃瓦），形态也简单，适合广泛的使用，已经成为一种能够代表中华传统文化的象征符号。

图1-23 西湖断桥

图1-24 牌坊

十、屋顶

屋顶是中国传统建筑的一大特征，不仅体量大，而且都经过了造型上的精细加工。屋面一般为曲线面，四角也向上翘，既能使房屋采光好，又使大屋顶显得轻巧而不笨拙。对屋顶的装饰主要集中于瓦头、屋脊、结点等部位，檐边有精美的瓦当，屋脊也用砖瓦拼出动植物纹样，结点处装饰成龙、凤、宝塔等多种形象。这些装饰既有很高的审美价值，又表达了一定的文化内涵。

屋顶的形式多种多样，其中最主要的有庑殿顶、歇山顶、悬山顶、硬山顶、攒尖顶等。通过这些屋顶的基本类型又可以组成复杂的、变化多端的屋顶组合形体，用在大小不同、性质不一样的建筑上。在中国礼教治国的环境里，建筑的形象被赋予了礼教等级的象征意义，屋顶也成为表现等级的形象，从屋顶的大小、形象的差异分为由重要到次要的等级：重檐庑殿顶、重檐歇山顶、单檐庑殿顶、单檐歇山顶、悬山顶、硬山顶（地位由低到高，大小从大到小）。

悬山(或硬山)双坡屋面，即前后有檐，中间为平脊，左右对墙

庑殿顶，即四面皆有檐，而中为平脊，自平脊之每端

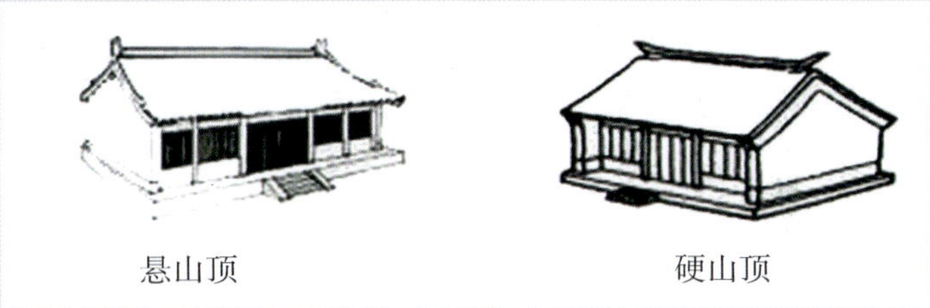

图1-25 悬山顶和硬山顶

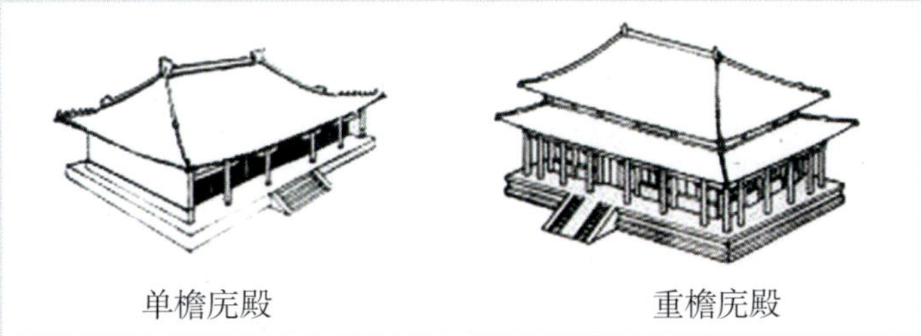

图1-26 庑殿顶

图1-27 歇山屋面

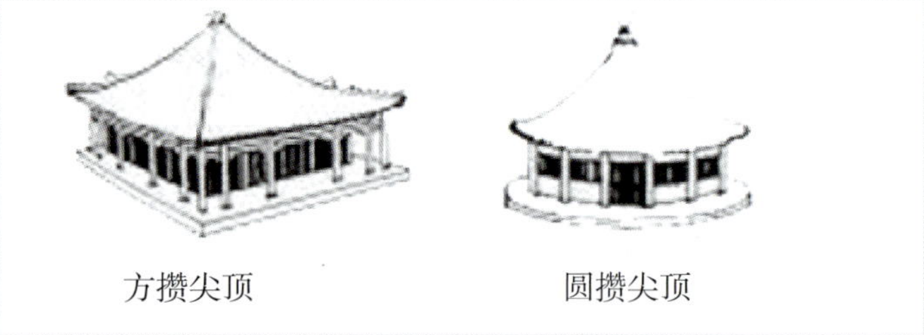

图1-28 攒尖顶

图1-29 十字屋顶

图1-30 斗拱

接两垂脊以达于两角。

歇山屋面，即四面皆有檐，而中为平脊，自平脊之每端折下或纵面之“人”字形（屋山），再接两垂脊以斜达于两角。

圆形攒尖顶（圆屋盖），即圆形而中攒角顶的建筑。

四角攒尖顶（四方屋盖），即往多处数有六角、八角攒尖顶。

十字脊屋顶，即四方形屋盖，上为四出之平脊，中心有顶，而每脊之端，各有一屋山以接四隅之垂脊。

十一、斗拱

斗拱是指木结构的横梁及立柱间的过渡处，横材方木相互叠垒，前后伸出的承接组合构件。它用在屋檐下可以承托屋顶的出檐，层层斗拱相叠可以加大出檐的深度，用在梁枋的两头下面，可以减小梁枋的跨度，加强梁枋的承受力。自唐代以后，随着建筑材料和技术的进步，房屋墙体多用砖筑造代替了土墙，屋檐出挑不需要那么远了，斗拱的尺寸也日渐减小，个数变多，再加上日益精美的彩画绘制在斗拱上，到明清时期，斗拱变成一种与结构无关但构造精巧、造型美观的装饰性构件，越高贵的建筑斗拱越复杂、繁华。

斗拱是传统建筑中重复最多的构件，它成型之后很长一段时间内，被作为构件大小的基本尺度，历来都被用作计算物料及工程体积的参考基数，到宋代就正式成为建筑的基本模数。

第二章 滥觞时期——上古建筑及先秦建筑

从最初的石器时代为避寒暑和人兽侵袭而栖身于天然岩洞（穴居氏）到半地穴，从有巢氏到干栏式建筑，人类经历了怎样的艰辛，我们不得而知。随着生产力发展，奴隶社会时期，中国建筑的基本特征逐步形成，人类思想观念和审美意识也逐步影响到建筑的发展，简言之，上古和先秦（原始社会和奴隶社会时期）是中国建筑漫长而艰难的发育时期。

第一节 石器时代的建筑雏形

中国大地有人类的历史，可以上溯几十万年乃至上百万年，而能称之为建筑遗址的年代要晚很多。原始社会由于生产力低下，还不具有建筑技术，人们更多的是栖身于天然岩洞，即今谓的“穴居氏”。在距今18000年前，活动于北京地区的山顶洞人选择天然岩洞作房屋，并根据生活习惯分出生活区和埋葬区。

距今1万年左右，人类历史进入新石器时代。随着原始农业的出现，人类开始定居生活，也是在这个时期，古人已经基本掌握了人工构筑房屋的方法。人口的增多，出现了村落的雏形。在北方，中华民族的祖先在黄土地上挖掘洞穴，作为居住之所，后来逐步上升到“半地穴”，促进了人类对夯筑技术和木材性能知识的掌握。南方多雨，从巢居逐步发展出桩基和木材架空的干栏构架。到了新石器晚期，建筑构成变得丰富，有了群体组合和套间的形式。人们的审美要求也逐步提高，人们开始对建筑进行简单的装饰，建筑艺术也随之萌芽。

这一时期最具代表性的建筑遗址有浙江余姚河姆渡遗址、陕西西安半坡仰韶文化遗址和陕西临潼姜寨仰韶文化遗址。

1. 半坡仰韶文化遗址

仰韶文化是我国新石器时代最著名的文化类型之一，最早发现于河南渑池仰韶村，以后陆续发现于河南、陕西、山西和河北的许多地区，其中陕西西安半坡村遗址是仰韶文化早期的突出代表。在一片南北长约300米、东西宽约200米的已发掘区域内，分布着大小40余座房屋建筑遗址，在它们周围是一道宽大的壕沟，用以阻隔野兽，壕沟的另一侧还分布着烧窑场和墓葬群。其中的房屋大都是半地穴的形式，室内地面通常较室外低50~80厘米，这是筑墙技术尚未成熟的反映。主要建筑入口几乎都是朝南，有一个倾斜的坡道连接内

图2-1 山顶洞人居住过的洞穴（北京周口店）

图2-2 红陶釜、灶（河南省陕县庙底沟）

图2-3 大地湾F901房屋遗址（甘肃秦安五营乡）

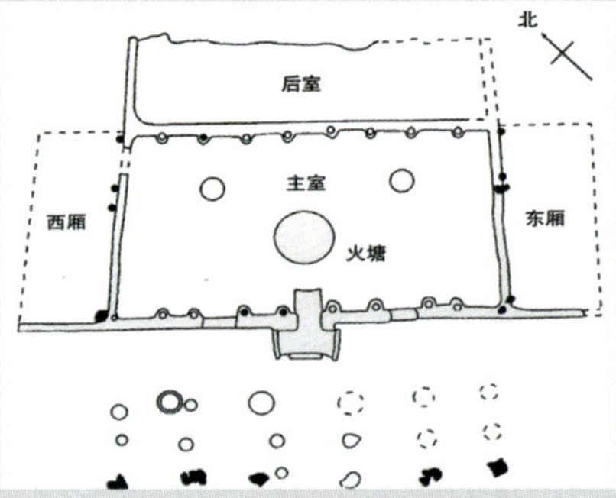

图2-4 大地湾F901房屋遗址平面图

图2-5 半坡聚落房屋遗址
（陕西省西安半坡村）

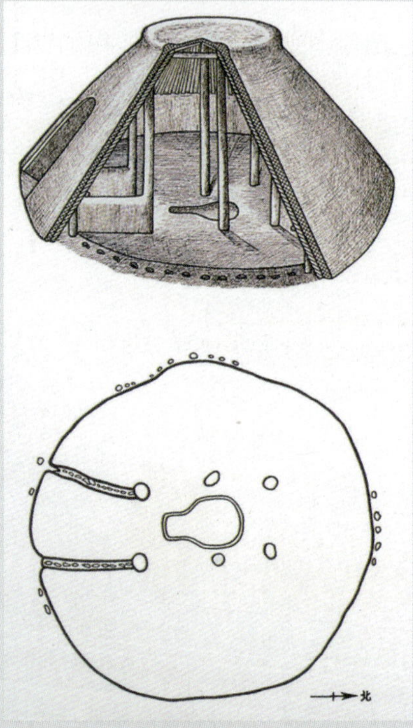

图2-6 半坡圆形房屋复原图

图2-7 姜寨母系氏族聚落模型
（陕西省临潼姜寨）

外。房屋的中心大都有火塘，周围有一些小坑，推测是用以支撑屋顶的柱坑。屋顶的形状据推测可能类似锥体，或者是在锥体上增加一个人字形小顶以遮盖上方洞口。房屋的平面有圆形，也有方形。其中一间方形平面的房屋长14米，宽12.5米，据推测可能是氏族公共活动的中心。

2. 姜寨仰韶文化遗址

公元前约4600年至公元前3600年的陕西临潼姜寨遗址是已发掘的最大一处仰韶文化遗址，其建筑形式和布局与西安半坡村遗址大体相当，但规模更大。村落的三面挖有壕沟，一面临河。

遗址面积55000平方米，共有房屋百余座。聚落中心是广场，其四周有5组建筑群，每组以一座较大的方形建筑为主体。所有屋门朝向广场，体现了母系氏族的凝聚力。

第二节　先秦建筑

先秦时期指的是中国的奴隶社会，即夏商周3代。奴隶社会的等级制度和财产的私有化，使得营建大型建筑（如宫殿）有了社会基础和物质基础。公元前21世纪夏代建立，开始修筑城市和宫殿，其“廊院式”建筑空间模式开启了中国建筑体系院落空间布局之先河，经夏商周3代，木结构和夯土技术均已形成，并取得了一定的进步。木构技术较之原始社会已有很大提高，出现了斧、刀、锯、凿、钻、铲等加工木结构的专用工具。

中国建筑独有的艺术和技术体系形成于商周时期，已具备夯土台基、木结构、斗拱、中轴对称和院落式群体组织等基本特征。建筑的功能在周代进一步完善，出现了“屏”“堂”“廊”“室”“房”的分工。

从流传至今的一些文献资料，我们可以了解，该时期的统治者开始制定一些关于建筑的等级制度，例如对各级城市的面积、城阙高度、道路宽窄等均有明确规定；色彩使用上有“天子丹，诸侯黝，大夫苍”这类明确规定。春秋战国时代编修的《考工记》记载了周朝的都城制度：“匠人营国，方九里，旁三门，国中九经九纬，经涂九轨，左祖右社，面朝后市。”这种制度影响相当深远，自汉以后营建王城皆以这种规划思想为基础，在明清北京城规划中也有体现。

通过遗留下来的建筑构件、陪葬品等实物，也可以看出商周时期建筑技艺有了突出进步。

先秦时期建筑实例：

1. 河南偃师二里头商朝宫殿

商朝有一些重要的建筑遗址留存。河南偃师二里头据说是最初的商都亳的所在地，1959年考古学家在这里发现了一座规模较大的，可能是在夏朝建筑基址上重建起来的商朝宫殿的遗址。虽然建筑的地面部分已不得而知，但从其柱列排布的整齐有序等特点可知其木构架技术已较为成熟，其中大殿被做成重檐屋顶，这是依据遗址中檐柱外规律性分布的较小柱坑作出的判断，但也有人认为小柱坑是支撑走廊架空地板的小柱留下的。

中国建筑独有的艺术和技术体系形成于商周时期，已具备夯土台基、木结构、斗拱、中轴对称和院落式群体组合等基本特征。

伴随着奴隶社会等级制度的产生，宫殿建造得以发展。河南偃师二里头商早期都邑宫殿有大面积的夯土台和廊庑围绕的庭院，这一群体的形成是中国古代宫殿建筑的先例，其后诞生的商城和殷都城（安阳）等都城均在此基础上演变。

商代早期的宫殿建筑，在二里头发现有两座。它们都建于夯土台基之上，主次分明，结构严谨。宫殿整体建造在一个较高夯土台上，平面大体呈L形。东西长108米，南北宽约100米，占地1万平方米，正面是面阔8间、进深3间的殿堂，四周设有廊庑；2号宫殿的规模略小，南北长72.8米，东西宽57.5~58米，基本布局与1号宫殿相同。它们的形制开创了中国古代宫殿建筑的先例，表现了统治者的权威和尊严。

2. 河南殷墟

殷墟是商代晚期（公元前14世纪末至公元前11世纪）的都城遗址，长约6000米，宽约4000米，总占地面积约24万平方千米。位于河南安阳洹河南岸的小屯东北地为宫殿宗庙区，在其周围还分布着手工业作坊、一般居民和平民墓葬；洹河北岸的侯家庄和武官村北地是王陵区；殷墟外围发现的简陋的地面或房基，可能是平民居住区。整个都城的规划层次分明，主次有序。

3. 江苏武进淹城遗址

江苏武进淹城据说是吴国公子季札的封邑，位于现江苏常州南门外湖塘镇，其基本形态目前保留较好。从遗址中可以看出，城市由环形护城河和城墙围成，中间是宫殿所在，外面依次是屯驻官衙的内城和百姓居住的外城。

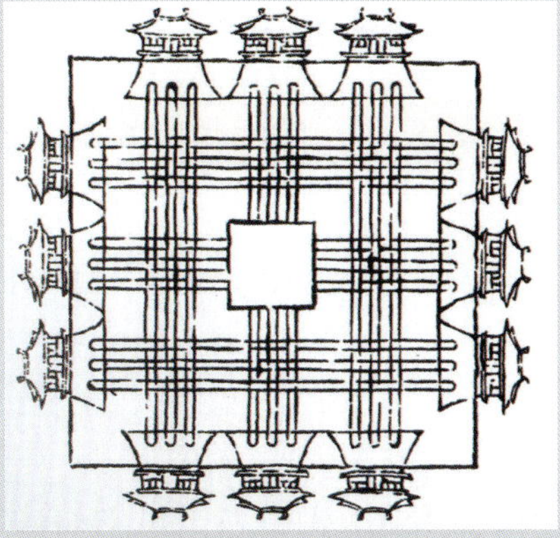

图2-8 《三礼图》中的周王城图

图2-9 战国时期的铜房子

图2-10战国时期的铜房子

图2-11 战国饕餮半瓦当

图2-12 战国瀫觵纹筒瓦

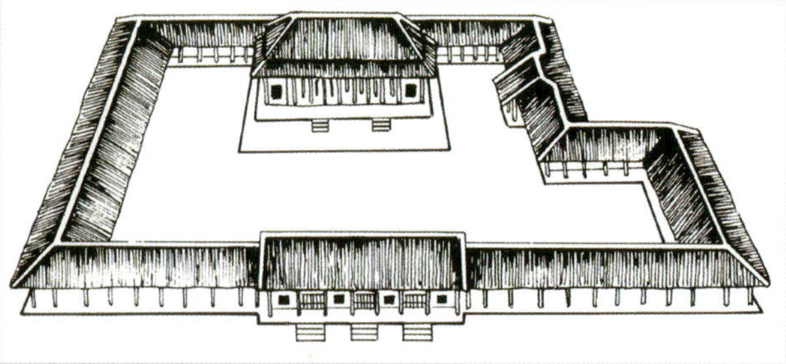

图2-13 商代早期的二里头宫殿复原图

淹城遗址东西长850米，南北宽750米，与《孟子》中“三里之城，七里之廓”的记载相吻合。淹城内外有3重城墙和3条护城河。各城只有一个出入口。外城门在西部偏北，城内出入口在西部偏南，子城出入口在南部，内城和外城的城门可能是水城门。城墙为平地堆土建成，不见槽基、夯窝及版筑等迹象。3重河道不相通，内、外城河宽从50米到80米不等。

淹城在当时只是个再小不过的封城，就已如此声势，那些比它高级得多的诸侯列强的都城又将是何等风光？只可惜它们都几已荡然无存了。

图2-14 殷墟（河南安阳）

图2-16 殷墟甲骨文

图2-15 殷墟车马坑

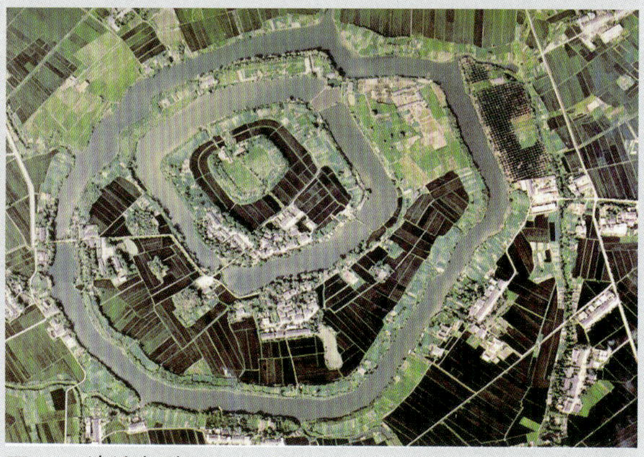

图2-17 淹城鸟瞰图

第三章　发育时期——奠定理性基础的秦汉建筑

第一节 秦汉建筑概述

秦汉国力强盛，疆土广袤，而依附于经济的建筑活动也极为活跃。秦国在未统一全国前，历代秦王都致力于都城咸阳的建设，取得了空前的建筑规模。公元221年秦统一全国后，秦王嬴政统一天下文字、法律、货币、度量衡和车轨，还修驰道，凿运河，筑长城，有效地巩固了中央政权的统治，极大地推动了经济发展和民族融合。汉承秦制，国力更盛，建筑成就巨大。

秦汉时期是中国传统建筑的第一次发展高潮。在建筑规模上，无论是都市宫殿、陵墓，还是军事工程，秦汉都以突出的形象、巨大的尺度而著称。一方面是因为国力强盛，且高度中央集权，政府有能力集中人力、物力和财力来营建大型建筑，另一方面，也是统治者彰显权威、贪图享受和宣扬教化的结果。

以都城和帝王陵墓为例，秦都咸阳始建于战国时代，地域辽阔。咸阳宫南临渭水，北至泾水，宫馆阁道相属30余里。秦始皇称帝后，又加扩建，称之阿房宫。史料记载其前殿“东西五万步，南北五十丈，上可坐万人。”这座巨型宫殿若折成今天的尺寸，长约700米，宽约117米，面积相当于北京故宫太和殿的30多倍，规模之大令人匪夷所思。阿房宫还通过宽阔的大道把几十千米外的天然山岭也纳入都城的整体规划。

西汉的长安是一座功能区分明确、格局基本完整的都城，平面近似方形，周长22.5千米，面积约36平方千米，居其宫殿如长安城内的桂宫、光明宫、未央宫和西南郊的建章宫等，均豪华壮丽，门阙巍峨，前无古人。长安城的主要建筑是宫殿，还有一些是衙署、兵营、监狱等设施，使城内居住空间极其有限，城内的官员、贵族及平民，大都居住在长安附近建或扩建的“陵县”（因皇帝的陵墓而设置的县）内，以至形成了一个人口比长安还多的城市带。东汉改都洛阳，但由于国力衰驰，洛阳城不及长安城规模大，全城面积大约10万平方千米。

秦始皇陵建成于公元前210年，秦始皇即位起便开始修建自己的陵寝，历时37年，动用劳役达70多万人，坟用夯土在山丘上筑成方锥形，现残高51.668米，底边长约500米。坟丘四周有两重围墙，外墙周长6.3千米，其中有宏大的寝殿和廊坊。据记载，其椁室用铜制，构造复杂，墓室顶彩绘天象图，底部灌水银以似江河。陵之外围有大片的兵马俑坑，目前发现了4座，共计2万多平方米，出土陶质绘有彩色、同真人大小的各种武士俑，战车驷马、兵器等，组成庞大的军阵。汉代最大的帝王陵墓是汉

图3-1 秦代的大瓦当（直径40厘米）

图3-2 秦都咸阳城遗址

图3-3 汉武帝刘彻的茂陵

武帝刘彻的陵墓，此陵修建历时52年，陵体封土，形如覆斗，边长约250米，其总体规模要比秦始皇陵小。

在建筑技术和材料使用上，秦汉建筑也取得了空前的成就。中国木结构建筑体系在秦汉已经成熟，其中楼阁建筑的兴起便是标志之一。自西汉末年，高台建筑渐次减少，东汉后期的明器中常有高达三四层的方形阁楼，每层用斗拱承托，其上置平座，将楼划为数层，此种在屋檐上加栏杆的方法，战国铜器中已见。汉代运用在木结构上，满足遮阳、避雨和凭栏眺望的要求，各层栏檐和平座有节奏地挑出和收进，使外观稳定又有变化，并产生虚实明暗的对比，创造出中国阁楼的特殊风格。

木构建筑的斗拱形式在汉代已经形成，并广为使用，只是结构较后世简单，除流行“一斗二升”外，还可以看到“一斗三升”的新形式。砖的发明是建筑史上的重要成就之一，在秦代已有承重用砖，秦始皇陵东侧的俑坑中有砖墙，砖制坚硬。秦咸阳宫殿遗址也发现有大量瓦当、花砖、石雕和青铜构建。砖在汉代建筑更是使用广泛。

瓦当是秦汉重要的建筑遗物，我们可以从中看出秦汉建筑的装饰风格。秦国瓦当流行奔鹿纹、凤鸟纹、豹纹、双鹳纹。秦统一中国后，瓦当图案更加丰富多样，除云纹、葵瓣花纹外还流行四鹿纹、四兽纹、子母凤纹等，构图更加饱满，形式愈加华丽。另外秦代开始出现吉祥文字瓦当。到两汉时期，更流行卷云纹瓦当和吉祥文字瓦当，西汉末年出现了著名的四神瓦当，形象矫健活泼，汉人尤擅长将表意的汉字用来装饰瓦当，绝大部分为吉祥文字，效果庄重典雅。

另外，中国传统的屋顶式样，如庑殿顶、歇山、悬山、硬山、攒尖等，在汉代均已经出现，也说明秦汉建筑之成熟。

总言之，秦汉建筑是中国建筑的青年时期，以巨大的尺寸、突出的形象，在立面占很大比重的屋顶，夸张的造型，浓重的色调，奠定了中国建筑的理性主义基础。

第二节　秦汉建筑实例

1. 秦始皇陵

在陕西临潼县城东北方向3千米有秦始皇的陵墓，陵园遗迹十分清楚，从地面上完全可以看出来。秦始皇陵是沿山坡缓缓而下，有

图3-4 汉代的陶屋

图3-5 汉代的陶屋

图3-6 西汉安平乐未央瓦当

图3-7 四神瓦当—青龙

图3-9 四神瓦当—朱雀

图3-8 四神瓦当—白虎

图3-10 四神瓦当—玄武

北高南低之势。秦始皇即位时仅13岁，从那时开始就建陵墓，他死后两年这个大陵墓才建造完成。当时大兴厚葬之风，秦始皇的陵墓就是一个典型的实例。秦始皇的陵墓内部究竟有多大？陪葬物有多少？至今还是一个谜。从陵东的3个兵马俑坑出土的物件及兵马俑，都有真人大小，数量又多，仅从这一点来分析，秦始皇陵内文物的数量和质量肯定相当可观。

全陵被3道长方形的城墙所包围。第一道城墙为陵的底边，东西边有485米，东北有515米。土坟呈方形，层层封土，大约有7~8层。陵墓位于陵园的北部，陵墓封土周围尚有略高的小墙，作为封土之界限。在此之外，还有内外两重陵园城墙。内城墙东西宽578米，南北长1155米。外城城墙东西宽974米，城门宽12米，南北长2173米。两重陵园城墙都呈现出南北长的矩形，其长度都是宽度的2倍多。

在秦始皇陵内城西城出土有瓦当，纹样以云纹为主，还有双龙纹，瓦当直径都为16.5厘米。此外在陵园还出土有花纹砖，都为斜格花纹，尺度为9厘米×18厘米×42厘米。在秦始皇陵园内出土的秦砖尺度为31厘米×42厘米×4厘米左右，均为青灰色调。近年还出土有券砖、花砖、菱形砖、细绳纹砖、粗绳纹砖。

秦始皇陵是历代皇帝陵园中规模最大的，不过除二重土城墙之外，所有陵园建筑都没有遗存下来，都被火烧光，陵园的石刻也没有留下来。

2. 秦长城

早在公元前9世纪，西周王朝就在北方修筑连列的城堡以抵御北方游牧民族的入侵。春秋战国之后，各路诸侯也纷纷在自己的辖区边境筑墙自卫。秦始皇统一中国后，为有效防御北方匈奴的入侵骚扰，于公元前214年下令将原燕、赵两国修建的北方长城与秦国以前修筑的长城加固并连接起来，形成西起甘肃临洮，东至今朝鲜境内的万里长城。以后历代统治者都不断对长城增改修筑，直至明代。明代以前万里长城大多是用版土或垒石的方法修筑的，由于年久失修，加之天力人为变更，保留至今的已不多见。而今天所称的万里长城主要是指明代统一用大城砖和条石重修的西起嘉峪关、东至山海关的长城，其总长5660余千米。

绵延万余里的长城穿越在崇山峻岭、急流、溪谷等险峻的地段之上，城墙多沿着蜿蜒起伏的山脊线延伸，常利用山脊外侧为陡崖的地形，山、墙相依，更加险固。那雄伟的关城，坚不可摧的城墙，峭拔的城楼、角楼和观敌

图3-11 秦始皇陵

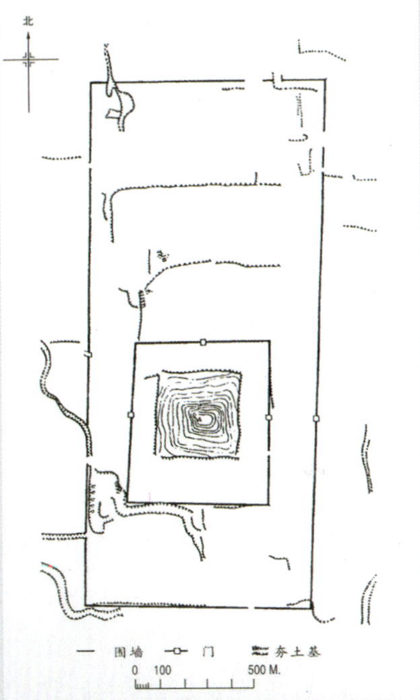

图3-12 秦始皇陵平面图

图3-13 秦始皇陵兵马俑坑

图3-14 秦长城

图3-15 嘉峪关

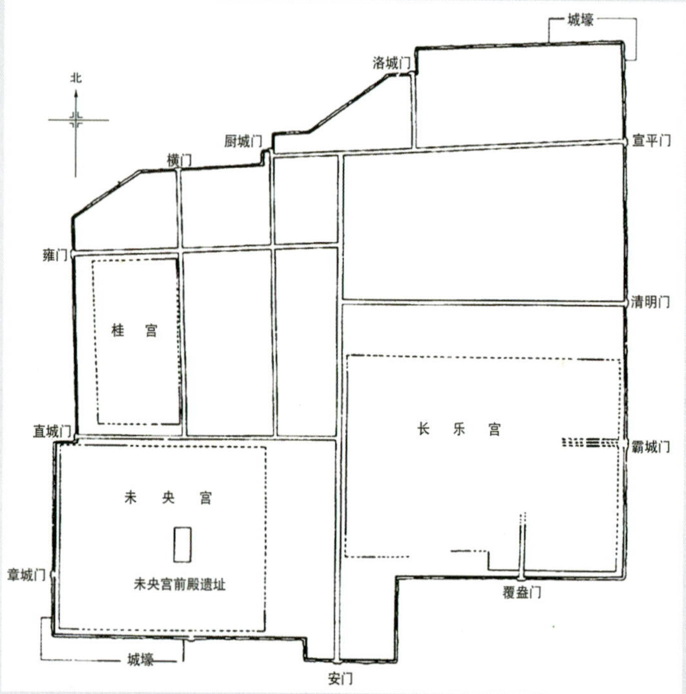

图3-16 西汉长安城平面实测图

图3-17 西汉未央宫遗址

台，孤绝独出的烽火台，它们所构成的点、线、面结合的神奇构图，都转化成了美的韵律，美的节奏。美学家评论说：长城宛如神奇的巨笔在北国大地上一笔挥就的气势磅礴的草书，城上的敌楼就是这草书中的顿挫，雄关就是这草书的转折，而亭障、墩、堠则是这草书中错落的散点，形成一幅结构完整的艺术巨作，是真正的大地艺术。

今天，长城作为军用工事的使用功能已经不存在了，它的美却长存了下来。长城的美是一种崇高的美，一种体现“天行健，君子以自强不息”的美，以雄伟、刚强、宏大、粗犷为特征，是中国人追求和平并勇于开拓进取精神的体现，传达出一种深沉的民族感情。万里长城是中华民族古老文化的丰碑和智慧的结晶，象征着中华民族的血脉相承和民族精神。

3. 汉长安城及建章宫

汉长安城遗址位于距今西安城西北约5千米的龙首塬北坡的渭河南岸汉城乡一带。汉长安城作为都城的历史近350年，实际使用年代近800年，是中国古代最负盛名的都城，也是当时世界上最宏大、最繁华的国际性大都市。

汉长安城比较大的宫殿共有3座。位于城东南的是长乐宫，周长9千米，面积5平方千米，占汉长安成面积的六分之一，宫内共有前殿、宣德殿等14座宫殿台阁。位于城西南的是未央宫，始终是汉代的政治中心，史称西宫，占城面积七分之一，宫内共有40多个宫殿台阁，十分壮丽雄伟。建章宫是一组宫殿群，周长10余千米，号称“千门万户”。

建章宫建在汉长安城的正西南。它的前殿高于未央宫。其东侧有凤阁，高达60多米，建大型池塘，即太液池，池中渐台高达60多米。其南建设玉堂，壁门3层，高达65米，内殿有12个门，各阶为玉石砌筑，还在门前铸有铜凤，高达15米。

太液池在建章宫北端，池中有瀛台、蓬莱、方长3座仙山，其旁建逍遥宫，这是汉成帝所建，涂黑色油漆。

神明台与井干楼相向而立，都有极其复杂的结构。神明台是汉武帝为求仙以长生不老而建的，高达150米，其周围设有9室，其上设承露盘，高60米。井干楼完全用木材建造，共20层，高105米。它们都是当时有名的建筑。

上林苑在长安城东南方向，周长有35千米，离宫别苑达30多所。西汉的未央宫与建章宫之间有驰道与飞阁相连，人可以在其中往来。王莽篡位后，拆除宫殿并建9庙。到东汉光武帝之时，赤眉起义军将长安城内的宫殿全部焚毁，西汉时代经营多年的全部建筑被付之一炬。

4. 汉高颐阙

“阙”是两侧有门墩（立柱）、当中缺口，极似大门而不是门，更不装门扇的建筑形式，是一种表示尊严的装饰性建筑，也是一种标志性建筑。一般建在陵园、庙宇等成组建筑的前端。阙既是一种陪衬建筑，又是一种景观、建筑小品。在山东、四川雅安、河南登封等地都有汉代实物的遗存。

四川雅安有汉阙数对，其中的高颐阙是历史上比较有名的，而且保存完整。高颐阙做得很细致，其中模仿木结构的建筑形象逼真，非常有价值。

高颐阙建于东汉建安十四年（公元209年），为一对带子阙的双阙。东阙已残，西阙完整，为13层巨石叠砌的重檐五脊式庑殿顶仿木结构建筑。阙顶正中苍鹰兀立，嘴衔绶带，凶猛不可近。阙顶下雕刻着仿木椽子，从楼部开始逐渐向外伸出，自然舒展，大方古朴。

其下四周排列着24个枋头，枋头上从南西至北东顺时针阴刻着汉隶铭文：“汉故益州太守阴平都尉武阳令北府丞举孝廉高君字贯方”，书法精湛，为汉隶书法上品。

楼部高浮雕主要有仙童迎候、天马行空、周公辅成王、神兽相斗、兽猴戏耍等，浅浮雕多为花卉图案；南北面各雕3朵、东西面各两朵，象征二千石以上俸禄的一斗二升斗拱。

斗拱间为高祖斩蛇、博浪椎、取食图、九尾狐三足乌、师旷鼓琴、季扎挂剑等画像；楼部最下层南北二面各雕3个大栌斗，中栌斗上各雕一衔鱼与蛇的凶猛可狰的饕餮，在转角栌斗处分别雕有4位负重角神，蹲于栌斗之上，龇牙咧嘴，凸肚挺胸，屈腿下蹲，或耸肩，双手压腿，或上举，威武超人，定地擎天。特别引人注目的是楼部下阙身上部与子阙楼部围成一圈连成一气，形成一幅宏大场面的车马出行图。

高颐阙的画像主要集中在楼部，所涉人物故事，奇禽异兽、花草树木等达上百种类，人物或卧、跪、站、跑、跳，或怒、笑、哭、呼、唤；奇禽异兽或戏耍，或相斗，或飞翔，或静立；花草树木或枯，或茂，或含苞，或绽放，是汉阙中罕见的。画面所反映的历史、神话、社会风俗等大都源于《左传》《山海经》《吕氏春秋》《史记》等史籍文献和现实生活，给我们勾画了一幅2000多年前壮丽多姿的风光画卷。

图3-18 高颐阙

第四章　艰难的发展——魏晋南北朝的宗教建筑

第一节 魏晋南北朝建筑概述

东汉末年，天下大乱。公元220年，魏蜀吴三国鼎立的局面形成。后司马氏篡魏自立，在265年统一全国，史称西晋。在短暂的统一后，又陷入分裂战乱局面，南下的原西晋官僚在江南建立了东晋王朝，原处于西北边境的少数民族率部进入中原，建立了十几个政权，史称十六国。公元420年，北魏统一北方，后历经东魏、北齐、西魏、北周，而南方，东晋灭亡后，先后出现了宋、齐、梁、陈4个朝代，史称南北朝。

由于南北朝时期战乱频繁，政局动荡。从整体上来说，该时期的建筑活动是处于汉唐之间的一个低谷时期，但在艰难中也取得了不小的成就。这时期的民族文化相互融合，文化思想交汇活跃，特别是佛教、道教的风行促进了各类宗教建筑的涌现。同时，在继承秦汉建筑的基础上吸收印度和西域的艺术元素，丰富了建筑内容，为今后的建筑发展奠定了基础。

佛教在汉代就传入了中国，魏晋南北朝时期，由于统治者的大力提倡，佛教得到了迅速发展，寺庙和佛塔被大量兴建。据载，北朝建有佛寺3万多所，仅洛阳就有1367座寺，南朝都城建康也建有佛寺五百余所。同时还效仿印度佛教僧侣生活习俗，在山崖上开凿洞窟，雕造佛像和绘制精美的壁画。著名的山西大同云冈石窟、洛阳龙门石窟、敦煌莫高窟、天水麦积山石窟等，分布于华北、西北的大型石窟均开创于南北朝时期。石窟的布局和外观因地域差别而有所不同，从发展看经历了从简到繁，从外来化到本土化的转变。这些石窟中保存下来的历代雕刻与绘画是我国宝贵的古代艺术珍品，其中表现的建筑形象，是研究南北朝时期建筑的重要资料。

这一时期还盛行“舍宅为寺”的功德活动，许多王侯贵族将宅第改建为佛寺，改建时一般不大改动原宅第，以原前厅为佛殿，后堂为讲堂，原有的廊庑环绕，有的还保留了原来的花园。此种风格布局成为以后汉化佛寺建筑的主流。

园林艺术在秦汉主要还是以华美壮观的皇家园林为主，追求自然意境者不多见。而到了南北朝，贵族住宅受到“旷达风流”思想的影响，常增加园林部分。院中叠石造山，引水开涧，配以飞梁重阁，力求创造朴素超脱的意境，开私家文人园林之先河。同时文人雅士厌烦战争，言谈玩世，寄情山水，风雅自居，纷纷建造私家园林，把自然式风景山水缩写于自己的私家园林中。自然山水园林的出现，为后来唐、宋、明、清时期的园林艺术打下了深厚的基础。

南朝陵墓是这一时期建筑的突出成就，在今南京江宁一带，共有各朝帝陵20余座。各陵一般都起坟，前有神道，道旁列石兽、墓表和石碑等。其中梁萧景墓的石辟邪，高、长均在3米以上，重10余吨，雄猛生动，浑厚凝重。南朝陵墓的石雕，是中国雕刻史上光辉的一页，其造型设计和雕刻手法在汉代雕刻艺术传统的基础上由粗简向精湛发展，超脱出了汉代石雕古朴、粗略的技法，艺术构思和雕刻技巧都进入一个更加成熟的发展阶段。

图4-1 麦积山石窟

图4-2 南朝“贵妇出游”与“凤凰”画像砖

图4-3 南朝萧景墓墓表

图4-4 南朝萧景墓前石辟邪

图4-5 敦煌莫高窟近景

第二节 魏晋南北朝建筑实例

1. 甘肃敦煌莫高窟

敦煌石窟在甘肃省敦煌市城西南方向，包括莫高窟西千佛洞、安西榆林窟和安西千佛洞。莫高窟是我国著名的四大石窟之一，也是世界上现存规模最宏大，保存最完好的佛教艺术宝库。

莫高窟位于敦煌市东南25千米处，开凿在鸣沙山东麓断崖上。南北长约1600米，上下排列5层、高低错落有致、鳞次栉比，形如蜂房鸽舍，壮观异常。它是我国内容最丰富的古典文化艺术宝库，也是举世闻名的佛教艺术中心。

前秦苻坚建元二年(公元366年)有沙门乐尊者行至此处，见鸣沙山上金光万道，状有千佛，于是萌发开凿之心，后历建不断，遂成佛门圣地，号为敦煌莫高窟，俗称千佛洞。

莫高窟虽然在漫长的岁月中受到大自然的侵袭和人为的破坏，至今仍保留有从十六国、北魏、西魏、北周、隋、唐、五代、宋、西夏、元等10个朝代的洞窟492个，壁画45000多平方米，彩塑像2000身，是世界现存佛教艺术最伟大的宝库。若把壁画排列，能延展30余千米，是世界上最长、规模最大、内容最丰富的一个画廊。近几十年来，国内外学者对敦煌艺术极感兴趣，不断进行研究，形成了一个专门学科“敦煌学”。

莫高窟是古建筑、雕塑、壁画三者相结合的艺术宫殿，尤以丰富多彩的壁画著称于世。敦煌壁画容量和内容之丰富，是当今世界上任何宗教石窟、寺院或宫殿都不能媲美的。环顾洞窟的四周和窟顶，到处都画着佛像、飞天、伎乐、仙女等。有佛经故事画、经变画和佛教史迹画，也有神怪画和供养人画像，还有各式各样精美的装饰图案等。莫高窟的雕塑久享盛名。这里有高达33米的坐像，也有10余厘米的小菩萨，绝大部分洞窟都保存有塑像，数量众多，堪称一座大型雕塑馆。

在莫高窟壁画中，有大量建筑方面的内容，有城池、殿堂、楼阁式塔、亭台楼阁、干栏式房屋、大门、墙壁、角楼、人字拱、梁架等。

2. 山西大同云冈石窟

云冈石窟在大同市西部，当时是北魏都城平城的西

图4-6 北魏壁画—九色鹿本生（局部）

图4-7 敦煌第61窟全景

图4-8 云冈石窟全景

图4-9 云冈第20窟大佛

图4-10 云冈第1窟内景

郊。云冈石窟是在武周山南麓悬崖陡壁上开凿的，东西长度有1千米，坐北面南。

云冈石窟佛教艺术按石窟形制、造像内容和样式的发展，可分为早期、中期、晚期3个阶段。

早期石窟（即今第16～20窟），亦称为昙曜五窟，为帝王象征，是当时著名的高僧昙曜所开凿，揭开了云冈石窟开凿的序幕。昙曜五窟平面为马蹄形，穹隆顶，外壁满雕千佛。主要造像为三世佛，佛像高大，面相丰圆，高鼻深目，双肩齐挺，显示出一种劲健、浑厚、质朴的造像作风。

中期石窟是云冈石窟雕凿的鼎盛阶段，开凿于北魏迁洛阳以前的孝文时期（471—494年）。中期洞窟平面多呈方形或长方形，有的洞窟雕中心塔柱，或具前后室，壁面布局上下重层，左右分段，窟顶多有平綦藻井。造像题材内容多样化，突出了释迦、弥勒佛的地位，流行释迦、多宝二佛并坐像，出现了护法天神、伎乐天、供养人行列以及佛本行、本生、因缘和维摩诘故事等。佛像面相丰圆适中，特别是褒衣博带式的佛像盛行，出现了许多新的题材和造像组合，侧重于护法形象和各种装饰。

晚期石窟大多开凿于北魏迁都洛阳（494年）后，有200余座中小型洞窟，多以单窟形式出现，不再成组。造像题材多为释迦多宝或上为弥勒，下为释迦。佛像和菩萨面形消瘦、长颈、肩窄且下削。

云冈石窟与建筑有关的内容最主要的是仿木建筑，有各式斗拱、门窗、殿檐、梁柱、大栌斗、人字拱、柱枋、屋顶、天花……中心立柱都是方形柱，塔是仿木构的佛塔，有三重塔、五重塔，每座塔式样、大小都不相同，有楼阁式塔、塔婆式塔、宝箧印塔、窟心柱塔、无缝塔等。

除此之外，还有各种样式的拱龛、龛面、拱门、采光窗及各种式样的飞天图案，其他如释迦佛诞生一直到成道故事图等。

云冈石窟中的建筑以及艺术形象带有希腊式古典艺术风格及古印度佛教风格，例如中部第8窟檐与印度建筑极其相似，柱头式样与波斯式柱头也极其相似，立柱与古印度柱也相似，这些都是受外来文化的影响。

3. 河南登封嵩岳寺塔

崇岳寺塔是中国现存最早的砖塔，该塔位于河南登封市城西北约6千米，太室山南麓的崇岳寺内，建于北魏孝明帝正光元年（公元520年），距今已有1500多年的历史。

崇岳寺塔上下全部用砖砌成，层叠布以密檐，外涂白灰，内为楼阁式，外为密檐式，是我国现存最古老的多角形密檐式砖塔。总高41米左右，周长33.72米，塔身呈平面等边十二角形，中央塔室为正八角形，塔室宽7.6米，底层砖砌，塔壁厚2.45米，塔室于底层开东、西、南、北4个门。这样的十二边形塔在中国现存砖塔中，是绝无仅有的。同时，这种密檐形式在南北朝期间也是少见的，可能为我国密檐式砖塔之始创。

该塔不仅以其独特的平面形制而闻名，而且还以其优美的体形轮廓著称于世。从结构上看，它由基台、塔身、密檐和塔刹4部分组成。基台高0.85米，出塔身1.60米，平面亦为十二角形，正面有方形月台，后边有角道，均与基台等高，前后对应，布局协调。基台之上，塔身的高度占全塔总高的三分之一。塔身中部以腰檐区分上下两段。下段塔身除拱道外，没有任何装饰，上段则仿木构而建。塔身之上，是层次密集的15层塔檐。各檐叠砖的数目自下而上逐渐递减，致使15层密檐层层向上紧缩，形成既刚劲有力又轻快秀丽的抛物线形轮廓。密檐之上是由70层青砖雕砌而成的塔刹，高3.5米，自上而下，由宝珠、七重相轮、仰莲状受花、宝装莲花式覆钵和刹座组成，极为壮观。整个塔室上下贯通，呈圆筒状。塔室内置佛台佛像，供和尚和香客绕塔做佛事之用。

该塔刚劲雄伟，却是用砖和黄泥粘砌而成，塔砖小而且薄，轻快秀丽，历经千余年风霜雨露侵蚀而依然坚固不坏，至今保存完好，充分表明了我国古代建筑工艺之高妙精巧。

图4-11 嵩岳寺塔

图4-12 嵩岳寺塔细部

第五章　全盛和成熟时期——充满浪漫情调的隋唐建筑

第一节　隋唐建筑概述

公元581年，杨坚建立的隋朝取代了北周，继而灭南朝陈朝，完成了全国统一，结束了汉末以来300余年的分裂局面。公元618年，取而代之的是历史上极盛一时的唐朝。隋唐时期，国内民族大统一，国力强盛，尤其是从唐太宗“贞观之治”到唐玄宗“开元盛世”的一百多年时间，社会政治稳定，经济兴旺发达，文化空前繁荣，是中国历史上的一次发展高峰，而且与周边国家交流频繁，更促进了多民族的文化艺术交流，这都为隋唐建筑的发展奠定了基础。秦汉以来传统的理性精神中糅进了佛教的和西域的异国风情，以及南北朝以来的浪漫情调，形成了理性与浪漫相交织的盛唐风格，确立了完整的中国建筑体系。同时，唐代建筑风格也极大影响了周边地区，如日本、朝鲜等。

隋代虽然只有短短几十年，但在建筑史上的地位并不低，取得了令人瞩目的建筑成就。隋代在前朝局部和开掘的基础上，开凿了京杭大运河，运河长约1800千米，以东都洛阳为中心，北至涿郡（今北京），南达余杭（今杭州），贯通了东部平原上的5大水系：海河、黄河、淮河、长江和钱塘江。对南北地区经济、文化的交流起着重大作用，在以后千余年中始终是中国南北交通的大动脉。隋朝名匠李春修建的世界上最早的敞肩券大石桥——安济桥（赵州大石桥），结构科学合理，造型美观新颖，是技术与艺术完美结合的范例。

唐代建筑规模宏大，规划严整，中国建筑群的整体规划在这一时期日趋成熟。唐朝在隋都基础上营建长安和洛阳。长安城是当时世界上最大的城市之一，是隋唐两代的首都，规模宏大，规划整齐，东西长9721米，南北宽8651.7米，全城在方整对称的原则下，沿南北轴线，将宫城和皇城置于全城主要位置，其余部分以纵横相交的棋盘形道路划为108里坊，东西各有大型市场一组，分区明确，整齐划一，便于管理。

在长安城北部的皇城外的龙首

图5-1 南运河穿沧州城而过

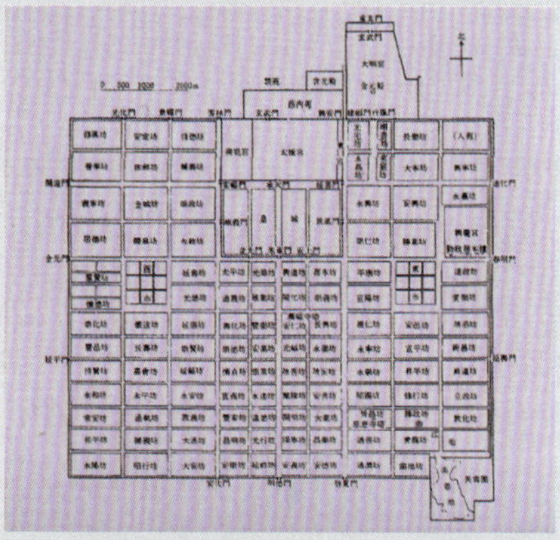

图5-2 唐代长安城平面图

图5-3 大明宫含元殿复原图

原上是著名的大明宫。大明宫是一组华丽的宫殿，可居高临下俯瞰全城，既是朝政重地，又是后妃居住游宴之所。其主殿含元殿以山为基，现存残址还有10余米高。殿宽11间，前有75米长的龙尾道，两侧另有翔鸾、栖凤两阁，以曲尺形廊与含元殿相连，尽显磅礴之势。

唐代帝陵不同于前朝，坟丘主要利用地形而不用人工夯土台。平面布局是在山陵四周筑陵墙，四面辟门。陵前有神道，神道旁安置门阙、神兽、石人等，其雕塑规模比前朝要多要大，形象丰富多彩，威武雄壮，对于渲染帝王威严起到很大作用。地下部分的墓道、甬道和墓室两侧均绘有龙虎、人物、鸟兽和各种图案，精美绝伦，同时又具有极高的历史考古价值。

佛教建筑是隋唐时期建筑的重要组成部分，国家和民间都花费大量人力物力营建寺、塔和石窟。由于权贵们舍宅为寺，或把庄园寄托寺内，使佛寺承袭了民间以厅堂门廊组成庭院的基本格局。同时在建筑与雕塑、绘画相结合方面也有极大发展。著名的有五台山佛光寺大殿，南禅寺佛殿，西安慈恩寺大雁塔、荐福寺小雁塔、兴教寺玄奘塔、大理千寻塔以及敦煌石窟。南禅寺（始建于782年）和佛光寺（始建于857年）是我国现存最早的木结构建筑，其屋顶坡度平缓，出檐深远，斗拱比例较大，特别是佛光寺大殿斗拱形制巨大，出挑达2米，柱子粗壮，风格庄重朴实，表现了结构与艺术的和谐统一。

唐代建筑中木材的使用已达到相当高的程度，土、石、砖、硫、金属等材料也使用广泛。唐代广泛使用砖，除城墙、住房外，基、塔也通过砖的不同处理，表现出丰富的内容。特别是用砖仿造木结构式样的塔，对后世有很大的影响。用金属铸造塔、幢、造像在唐代也很普遍。据记载，武则天在洛阳铸八角形天枢高30余米，直径3.6米，铸九鼎和神像各高3米，可见铸造技术已登峰造极。

总之，隋唐建筑气派宏伟，恢宏舒展，造型浑厚，轮廓参差，装饰华丽，代表了中国建筑的浪漫主义情调。

第二节 隋唐建筑实例

1. 河北安济桥

石拱桥以巨石砌成拱券通水，南方北方都有，占桥梁的大多数。南方河道较窄，河中行船，桥上运输以肩挑为主，所以拱跨不需太大而拱背很高；北方正好相反，河道较宽而浅，河中常不行船，桥上以车马运输为主，所以拱背不需或不能太高而桥面平缓。由此形成南方拱桥曲柔空灵、北方拱桥平实稳重的风格差异。

中国现存最古老的一座单跨石拱桥是安济桥，也称赵州桥，位于河北石家庄东南4千米处的赵县境内，修建于隋代开皇年间（公元595—605年），距今已有1500年历史，被誉为天下第一桥，由著名匠师李春主持建造。

由于赵州桥下的河流平时仅涓涓细流，不通航，而河面较宽，所以桥孔不需太高而应有相当大的跨度，桥面缓平无阶，代表了北方石拱桥的风格。赵州桥大胆地在世界上首创了大跨弓形拱券，拱弧

图5-4 佛光寺大殿

图5-5 玄奘塔

图5-6 安济桥

图5-7 南禅寺大殿

图5-8 南禅寺大殿内景

图5-9 慈恩寺大雁塔

图5-10 唐乾陵墓道

跨度达37.47米，矢高不到弧跨的五分之一，桥顶宽8.51米。全桥纵向有28道并列拱券，各券可逐道建造，模架重复使用，便于施工。为加强各券之间的横向联系，不使向外倾翻，除了用铁件和横向石条加强券间联系外，又使两头桥脚宽度比桥顶宽度宽51厘米到74厘米不等，使各券自然向内挤紧。为利于洪水来时增加泄水面，在桥大券和桥面之间，两肩各开二孔，称为敞肩拱。这种做法，也有减轻自重，减少工程量和丰富造型的作用，是中国首创。

整个桥面呈和缓的凸圆弧状，在桥头处弧线反向微微凹曲，全桥曲线非常优美舒展。桥面的圆弧半径较大，桥券的半径较小，一弛一张，弛者在上，张者在下，形成有力的承托对比关系。4个敞肩小拱和桥面大拱的拱背标高由中向外逐渐下移，大、小拱的对比，显出了大拱的真实尺度。小拱的通透使全桥显得空灵轻巧，负重若轻。

赵州桥通体用巨大的花岗岩石块组成，是世界上现存最早、保存最好的石拱桥，1991年被美国土木工程学会命名为“国际土木工程历史古迹”，标志着赵州桥与巴黎埃菲尔铁塔、巴拿马运河、埃及金字塔等世界著名景观齐名。

2. 山西五台县南禅寺

南禅寺位于山西五台县境内，在五台山西部边缘小营河东岸的一处土岗上，距县城22千米，距五台山佛教中心区台怀镇100千米，是五台山佛教寺院中最小的一座。

南禅寺建于唐代，具体年代无可稽考，寺内碑石只记载了南禅寺是唐代五台山郭家寨、李家庄两村集资所建的香火庙。大雄宝殿横梁上记有：“……时大唐建中三年，岁次壬戌，月居戊申，丙寅朔，庚午日，癸未时，重修殿。法显等谨志。”这一记载说明，唐建中三年（公元782年）前寺院已经有了，而且时间不会很短，不然无需重修。

即使按横梁上所记重修时的年代推算，这座大雄宝殿也比同时期的五台山佛光寺东大殿早75年。它是经唐武宗“灭法”劫难并一直保留至今的惟一的一座木构大殿。佛光寺东大殿重建于唐武宗“灭法”后的12年，即公元857年。南禅寺大殿在我国千余年漫长而多难的封建社会中，能避过无数劫难幸存下来，其中奥秘，一则不是官家寺院，又远离五台山佛教中心区；二则是小，不引人注意；三则是所处地区没什么军事价值，也不是交通要道。有了这些因素，它才逃过了人为的毁坏。至于自然界对它的侵蚀，是靠郭家寨、李家庄子子孙孙的维护来弥补的。现在，南禅寺是我国古代木构建筑中历史最久远的一座佛寺，被誉为“中华古刹”，是中国木构建筑中的瑰宝。

南禅寺坐北朝南，由并排两个小型四合院式建筑组成。东院是僧舍，西院为佛殿。西院的建筑依次是山门、龙王殿、菩萨殿、大雄宝殿等。大雄宝殿面阔3间，是唐代木构建筑，单檐歇山式大屋顶，举折平缓，是我国现存古建筑中最平缓的一例。它出檐深远，翼角刚健，殿顶覆板瓦，顶脊两端立高大的鸱吻，气势极雄伟。殿间装门板，两次间施直棂窗，只有柱头斗拱，无补间铺作。斗拱尺度相当大，拱头券刹均5瓣。殿堂内没有柱子，平梁上不用矮柱。这样高超的建筑水平，在我国古建筑中是少有的。

大殿内建有大佛坛，坛长8.4米，宽6.6米，高0.7米，为束腰须弥座式。坛上有18尊彩塑佛像，这些彩塑同敦煌的唐代彩塑相同，当属唐代彩色塑像。佛像不但逼真、精湛，很有性格特色，且都仪容丰满、神态自然，排列得主次分明，是我国古代精美的彩塑，科学价值和艺术价值都很高。其排列次序是：释迦牟尼居中，左右为文殊和普贤菩萨，其余弟子、童子等分列文殊、普贤两旁。这是唐代佛像布局的一种方式，也是研究佛像布局的一个好例。

3. 陕西西安大雁塔

唐朝统治下的中国是历史上中国自信心最强也最愿意接受新鲜事物的时期，首都长安向世界敞开大门，热忱欢迎西至拜占庭、波斯，南至印度，东至日本的使臣、商贾和香客以及他们带来的外国货物、外国娱乐、外国风俗和外国宗教。645年，唐太宗举行盛大仪式欢迎16年前只身前往印度寻取佛教真经归国的玄奘大师，对其所途经的印度和中亚各国的地理、风俗、物产和政治等各个方面表现出浓厚的兴趣。玄奘大师归国后婉拒了唐太宗要他做官的邀请，留在长安弘福寺翻译他带回的657部梵文佛经。648年他奉敕迁往位于晋昌坊内的慈恩寺译经。慈恩寺现今仍存，但寺中建筑均为后代所建，惟有大雁塔基本为唐代之物。大雁塔始建于652年并于701—704年改建，用于存放佛经，塔高7层约64米。大雁塔在明代也经过较大的修整，虽大体仍保持仿木构形式，但已多少失去唐代风采。大雁塔的底部平面呈方形，底边长约25米；塔内空间也呈方形，边长约6.8米；各层楼板均为木造，并有木造楼梯以供上下。

这种楼阁式塔既可用来保存佛经或舍利，也是人们登临游眺的好去处。当时的进士高中者都要来大雁塔一游，并刻名塔上，美其名曰“雁塔题名”，成为人生一大快事。

4. 陕西乾县唐乾陵

唐朝是中国古代封建社会中期的强盛王国，不仅在都城长安的规划和宫殿建筑上表现出威势，也在陵墓建筑上反映了这一时期的博大之气。唐朝的皇陵在总体上继承了前代的形制，以陵体为中心，陵体之外又以方形陵墙相围，墙内建有祭祀用建筑，陵前有神道相引，神道两旁立石雕。但它与前代不同的是以自然山体为陵体，取代了过去的人工封土陵体。陵前的神道比过去更长，石雕也更多，因此尽管它没有秦始皇陵那些成千上万的兵马俑守陵方阵，但是在总体气魄上却比前代陵墓显得更为博大。

乾陵位于今陕西省乾县北约6千米的梁山上。梁山有三峰，其中北峰最高，南面另有两峰较低，左右相向而至如人乳状，因此又称乳头山。乾陵地宫即在北峰之下。北峰四周筑方形陵墙，四面各开一门，按方位分别为东青龙门、西白虎门、南朱雀门、北玄武门，四门外各有石狮一对把门。朱雀门内建有祭祀用的献殿，陵墙四角建有角楼。在北峰与南面两乳峰之间布置为主要神道。两座乳峰之上各建有楼阁式的阙台式建筑。往北，神道两旁依次排列着华表、飞马、朱雀各1对，石马5对，石人10对，碑1对。为了增强整座陵墓的气势，更将神道往南延伸，在距离乳峰约3千米处安设了陵墓的第一道阙门，在两乳峰之间设第二道阙门，石碑以北设有第三道阙门。门内神道两旁还立有当年臣服于唐朝的外国君王石雕群像60座，每一座雕像的背后都刻有国名与人名。这些外国臣民与中国臣民一样都要恭立在皇帝墓前致礼，所不同的是在他们的顶上原来建有房屋可以避风雨。这座皇陵以高耸的北峰为陵体，以两座乳峰为阙门，陵前神道自第一道阙门至北峰下的地宫，长4千米有余，其宏大的气魄是人工堆筑的土丘陵体所无法比拟的。隧道与墓门是用大石条层层填塞，并以铁汁浇灌石缝，坚固无比。

5. 云南大理崇圣寺三塔

崇圣寺位于大理古城北1.5千米处，东对洱海，西靠苍山。崇圣寺又叫三塔寺，是一座建于六诏时的古刹。崇圣寺方圆7里，有890间殿房，1万余尊佛像，到明代还有三阁、七楼、九殿、百厦，可惜于清同治年间被毁。只有寺前三塔仍巍然屹立。

三塔包括一座千寻塔和两座小塔，都是用砖砌筑而成的密檐式塔。千寻塔在前，双塔在后，前后相距约30米，呈三足鼎立之势。

图5-11 唐乾陵李仙蕙墓壁画《众女侍》（局部）

图5-12 崇圣寺三塔

千寻塔是三塔中最大的塔，位于南北两座小塔前方中间，所以又称中塔。塔的全名为“法界通灵明道乘塔”，建于唐代南诏保和时期（公元824—839年）。塔的底层高约13米，塔高69.13米，一共有16级，为方形密檐式空心砖塔，属于典型的唐代建筑风格。塔心中空，在古代有井字形楼梯可以供人攀登。通体自上而下有两重塔基、塔身，塔身每层正面中央开券龛，龛内有白色大理石佛像一尊。两边龛为窗洞，莲花座，庑殿式顶，中嵌梵文刻经。两级窗洞的方向交替错开，解决了塔内的采光通风问题。塔檐越往上间距越小，自第三、四层起逐层向内收束，最后集束于塔顶。因此塔身的外形轮廓不是僵硬地直线向上，而是微凸。

塔身的第一层高13.45米，是整个塔身中最高的一级。东塔门距基座平面2米，西塔门则在近6米之处，塔墙厚达3.3米。第二至第五层结构基本相同，大小相近。第十六层为塔顶。以第二层为例，高约2米，宽约10米，上部砌出叠涩檐，每层跳出0.05~0.07米不等，檐的四角上翘。

塔顶高8米，约为塔身的七分之一。挺拔高耸的塔刹，使人有超出尘寰、划破云天之感。顶端是铜铸的葫芦形宝瓶，瓶下为八角形宝盖，四角展翅，安有击风锋；其下为钢骨铜皮的相轮；最下为覆钵，外加莲花座托。塔顶四角各有一只铜铸的金鹏鸟，传说是用于镇压洱海中的龙妖水怪。

千寻塔后面的南北两座小塔，它们的建筑时代晚于千寻塔，大约在五代时期。而且都比千寻塔矮，南小塔约高38.25米，北小塔约高38.85米，都为八角形10级密檐实心砖塔。每层分别雕券龛、佛像、莲花、瑞云、花瓶等，华贵庄重。塔身外涂抹一层白色泥皮，塔顶有伞形铜铃和3只铜葫芦。

据《南诏野史》记载：塔上有11000多尊铜佛，用铜40500斤。千寻塔顶有纯金观音像、金质释迦牟尼坐像等几百尊，还有大量珍珠、玛瑙、水晶、珊瑚、绘画等。

崇圣寺三塔从修建至今，除经历上千年风吹雨打之外，还经历过30余次强地震的考验。其中，明朝正德年间的大地震，大理古城房屋绝大部分倒塌，千寻塔也折裂如破竹，可10余天后竟奇迹般自行复合如初，塔基仍很坚固，塔身也未见倾斜。

第六章 转型时期——从雄壮走向细致的五代与宋辽金建筑

第一节 五代与宋辽金建筑概述

"安史之乱"后唐朝由盛转衰，在公元907年被后梁政权取代。之后又相继出现了后唐、后晋、后汉、后周几个朝代，控制着黄河流域的中国中枢地带。在中国其他区域，还有10个地方割据政权，史称五代十国。公元960年北宋政权建立，暂时统一了全国。但接下来又是宋与辽、金的南北对峙，中国社会遭到较为严重的破坏，建筑活动也从盛唐时期的高峰逐渐跌落。但由于商业、手工业的发展，在建筑技术与艺术上，都有不同程度的提高。

图6-1 上海龙华寺塔（宋代建筑）

从政治和军事的角度来看，宋朝无法与前几个王朝相比，但在经济、文化以及对外交流等方面，宋朝不但延续了唐朝的繁荣，而且在许多方面还有不小的突破。

宋朝建筑从整体上来说是一个转型时期，即从汉唐的雄壮风格向细致委婉转变。宋朝建筑的规模和尺度上，均不如汉唐时期大，造型上以曲线柔和、形态细腻、装饰华丽而见长，比唐朝建筑更为秀丽、绚烂而富于变化，结构也趋于复杂化。宋朝建筑技术已十分成熟，掌握了寓装饰与结构为一体的建筑构造与造型技术，建筑细部的装饰也趋于细密与繁缛。这些变化应该说从五代时期便已开始，比如唐代的佛塔均以高大雄健而著称，外部装饰少而简，到了五代，佛塔多用斗拱砌出平坐，使塔身外观层次更加丰富，形态更加细腻。

北宋的都城汴梁城（今河南开封）建设已不像唐朝那样采用封闭的里坊制，由于商业和手工业的快速发展，唐朝以前封闭里坊的沿街高墙已被鳞次栉比的商店、茶楼、酒馆、药肆、作坊、戏台所取代，从宋朝著名宫廷画家张择端传世的《清明上河图》和无数文人墨客留下的诗文书画可以窥见往昔的繁盛。

宋辽时期的木结构建筑工艺已经达到了相当高的水平。在完整保留至今的宋代建筑遗迹中，较有代表性的是河北蓟县独乐寺和河北正定隆兴寺。独乐寺建于辽代（公元984年），现有的观音阁和山门，其建造年代较早，结构精妙，造型飘逸，是中国古代建筑的典范。隆兴寺始建于隋代，宋代重建，现仍保留宋代格局。其中的摩尼殿、慈氏阁、转轮藏殿和山门均为宋代遗物。整体造型秀丽端庄，特别是转轮藏殿室内安放转轮藏（放置佛经的旋转书架），做工精细，为宋代小木作之佳品。其他代表建筑有山西太原的晋祠圣母殿，浙江宁波保国寺，山西大同上下华严寺，山西应县佛宫寺释迦塔等。

宋代在中国建筑史上另一个巨大贡献是《营造法式》

图6-2 北宋张择端《清明上河图》（局部）

图6-3 宋代-保国寺大殿瓜棱柱与檐部斗拱

图6-4 辽代山西大同下华严寺薄伽教藏殿内景

图6-5 西夏寿陵

图6-6 西夏琉璃鸱吻

的刊行。1103年李诫主持编写的《营造法式》，是中国古代木结构建筑发展到成熟和鼎盛时期的一部不可多得的宝贵文献，它承上启下，总结了一千多年来木结构建筑工程技术的实践经验，是历史上第一次采用国家颁布的形式，对建筑中的设计、结构、用料和施工进行规范。其中最主要的规定就是模数制的确立，以斗拱的拱材料面高度尺寸为一“材”，“以材为祖”，以此为基本模数确立整栋建筑的一切比例和尺寸。此外《营造法式》还规定了从建筑整体到构建局部的艺术和方法。在工程技术与施工管理方面达到了一个新的历史水平，也为后朝所继承。

公元10世纪初到14世纪，北方各民族逐步崛起，出现了契丹族建立的辽，还有党项族建立的西夏和女真族建立的金。由于西夏李氏贵族与唐、宋政权交往频繁，深受汉族文化的影响。坐落在宁夏银川西部贺兰山麓的西夏陵园，布局仿照宋代大建筑群，强调中轴线左右对称的格局，以象征西夏统治权威。在仁宗赵仁孝的寿陵中碑亭遗址有两处，东碑亭为汉文楷书，书法遒劲，刻工娴熟，西碑亭为西夏篆书，两种文字并用，说明中原与西夏在政治、经济方面的紧密联系和文化交融的历史事实。当然，西夏王陵建筑也有不同于宋陵的独特风格。例如，宋陵是单城呈正方形，而西夏陵是重城呈长方形。

女真族建立的金国，曾在中都（北京）大房山营建山陵，历代金帝王均葬于此，现存帝陵遗址17座。金陵陵园规模宏伟，气势非凡，琉璃瓦殿堂、楼阁鳞次栉比，可惜现已成一片废墟。现存金代著名建筑还有卢沟桥等。

第二节 五代与宋辽金建筑实例

1. 河北蓟县独乐寺

独乐寺建于辽代统和二年（公元984年）。现存观音阁和山门的建造年代较早，结构精妙，造型飘逸，是中国古代建筑的典范。山门面阔3间，面积140平方米。四阿（庑殿）顶，挑檐伸出2.6米，外轮廓稳重舒展，屋架朴实无华，通过结构合理构成、合理表现艺术效果。观音阁面阔5间，外观两层，两层之间有平坐勾栏，总高22.5米，歇山屋顶。内部结构实为3层，共有6个构造层，除顶层屋架部分有梁枋外，下面5个构造层均不用梁枋，形成内筒空间，以容纳高16米的观音立像。同时室内利用平座斗拱和梁架空间做成暗层，增加实用空间。整个建筑的处理手法反映了古代建筑在基本构成原则下灵活变化以适应使用要求的特点。

2. 河北正定隆兴寺

河北正定隆兴寺是一处较完整地保留着古代佛寺总体布局面貌的建筑群。隆兴寺原名龙藏寺，始建于隋代，宋代重建并更名为龙兴寺，清代改为现名。公元971年，宋太祖敕令铸造一尊24米高42臂观音菩萨铜像，存于寺中最高大的建筑大悲阁内，并对整个寺院进行重新规划布局，至今仍保存较好。

隆兴寺总平面呈南北轴向的长条形，从山门往北，主轴线先后穿越一系列的院落和佛事殿堂，僧人起居的空间也自成院落，依附于主轴线旁。

位于第一进院落主轴线上的摩尼殿是隆兴寺中较完好地保存宋代原貌的建筑之一，建于1052年。殿的平面近似方形，面阔进深均为7间，四面正中各有抱厦向外伸出。大殿屋顶为重檐歇山式，檐口和正脊都略呈曲线形，4个抱厦的屋顶为歇山式，以山面向外，内与大殿屋顶的下檐丁字相接，形成复杂变化的屋顶形式，这在唐宋以前是一种十分流行的殿堂形制。

同是宋代遗物的转轮藏殿位于第二进院落佛香阁前轴线西侧，因内部安装一架直径约7米、八边形、覆重檐攒尖顶并可转动的藏经橱而得名。其外观为两层楼阁，上覆歇山顶，上下层间有一圈腰檐平坐，内有暗层。其平面面阔3间，进深3间，一层前设雨搭。殿内因要放体积较大的藏经橱，所以两前内柱略向两侧偏移，称为“移柱”。因此变化造成顶部前后梁架做法不同，所以在上部使用大叉手以保持构架稳定，这种做法与西方惯用的桁架构造有相似之处。

3. 山西应县佛宫寺释迦塔

佛宫寺释迦塔位于山西应县城内西北佛宫寺内，俗称应县木塔。应县原是辽国西京大同城的近畿。塔是当时崇信佛教的统治者辽兴宗耶律宗真（公元1016—1055年）命令修建的，辽道宗清宁二年（公元1056年）落成，金明昌六年（公元1195年）增修完毕。历经900多年的风雨侵蚀、地震战火，至今仍保存完好，除其塔基牢固，结构谨严外，历代不断维修也是重要原因。这座当今世界上保护最完整，结构最奇巧，外形最壮观的高层木塔以其悠久的历史、独特的艺术风格和高超的建筑技术，散发着迷人的魅力。

木塔建造在4米高的台基上，塔高67.31米，底层直径30.27米，呈平面八角形。第一层立面重檐，以上各层均为单檐，共五层六檐，各层间夹设暗层，实为9层。因

图6-7 西夏石雕龙柱

图6-8 独乐寺观音阁

图6-9 独乐寺观音阁内景

图6-10 隆兴寺

图6-11 佛宫寺释迦塔

图6-12 佛宫寺释迦塔外檐细部

图6-13 佛宫寺释迦塔底层藻井

底层为重檐并有回廊，故塔的外观为6层屋檐。各层均用内、外两圈木柱支撑，每层外有24根柱子，内有8根，木柱之间使用了许多斜撑、梁、枋和短柱，组成不同方向的复梁式木架。有人计算，整个木塔共用红松木料3000立方米，约2600多吨重。佛宫寺释迦塔整体比例适当，建筑宏伟，艺术精巧，外形稳重庄严。

塔身底层南北各开一门。二层以上周设平坐栏杆，每层装有木质楼梯。二层至五层每层都有4门，均设木隔扇，光线充足，可凭栏远眺。塔内各层均塑佛像。第一层为释迦牟尼，高11米，面目端庄，神态怡然，顶部有精美华丽的藻井，内槽墙壁上画有6幅如来佛像，门洞两侧壁上也绘有金刚、天王、弟子等，壁画色泽鲜艳，人物栩栩如生。二层坛座方形，上塑一佛二菩萨和二胁侍。三层坛座八角形，上塑四方佛。四层塑佛和阿难、迦叶、文殊、普贤像。五层塑毗卢舍那如来佛和八大菩萨。各佛像雕塑精细，各具情态，有较高的艺术价值。

塔顶作八角攒尖式，上立铁刹，制作精美，与塔协调，更使木塔宏伟壮观。塔每层檐下装有风铃，微风吹动，叮咚作响，十分悦耳。

木塔的设计，大胆继承了汉唐以来富有民族特点的重楼形式，充分利用传统建筑技巧，广泛采用斗拱结构，全塔共用斗拱54种，每个斗拱都有一定的组合形式，有的将梁、坊、柱结成一个整体，每层都形成了一个八边形中空结构层。科学严密，构造完美，巧夺天工，是一座既有民族风格、民族特点，又符合宗教要求的建筑，具有极高的艺术水平，在中国古代建筑史中有重要的地位。

4. 山西太原晋祠

晋祠始建于北魏前，是为了纪念周武王次子叔虞而建，后在南北朝天保年间（550—559年）和唐贞观二十年（646年）扩建。公元979年，赵匡胤火烧晋阳城，晋祠被焚毁。现存的晋祠是宋太宗赵光义开始重新修建的，之后的历朝历代，晋祠遭受多次天灾人祸的浩劫，又断续修葺，并不断兴建新的建筑。如1102年（宋崇宁元年）重修圣母殿，1111年（宋政和元年）重修苗裔堂，1168年（金大定八年）创建献殿。

圣母殿位于晋祠堂中轴线上，面阔7间，进深6间，四周有围廊，重檐歇山顶。是《营造法式》所谓“副阶周匝”的实例。应殿内陈设要求，在结构处理上加大了梁的长度，减少室内立柱，使空间完整高敞。殿柱侧脚和升起明显，檐口线呈平滑的曲线，富有弹性。正面8根檐柱有木雕盘龙围绕。斗拱与梁结合一体，华拱外延做成假昂头。侧面与后面不用补间斗拱。这些手法表现了典型的宋代建筑风格。

圣母殿前有鱼沼飞梁，在方形水池上架设十字形桥，桥体为柱梁式，交搭处用斗拱。栏杆为仿古新制，四向通到对岸，桥下立于水中的石柱和柱上的斗拱、梁木都还是宋代原造。

5. 卢沟桥

卢沟桥在北京西南10千米处，它是从南方诸省进入北京的必经之路。即使在晴空万里或月光明朗，卢沟桥下之水也苍苍淼淼，发出一种黑色光芒，容易引起人们的深思。

全桥设计平整，远观构成一条水平直线，下列11孔。每当卢沟水上涨之时，水面平平，拱露出一点点，如同月牙。卢沟桥的设计是非常美的，全桥长60多米，是一座长桥。在我国北方，长桥比较少，卢沟桥更显珍贵。这座桥从金代大定二十九年（公元1189年）开始修建，到明昌三年（1192年）竣工，距今已有800多年历史。卢沟桥历史上两次被洪水冲毁，在明、清两代各重建过一次——明正统九年（1444年）重建；到清康熙年间毁于洪水，康熙三十七年（1698年）又重建，这才有了现在的卢沟桥。因此，通常所说的卢沟桥有800余年历史，是把新旧两个桥的时间算在一起了。我们现在所看到的卢沟桥，是康熙年间重建的卢沟桥，只有300余年的历史。卢沟桥是一条大石桥，一座排列券拱的平桥。在桥边石柱上刻有数百个石狮子，每一狮子造型都不相同，姿态各异，这一点是十分难得的。桥头有石碑，上刻“卢沟晓月”4个大字，为清乾隆帝手书。在碑的四周建有4根华表，还有石碑及石碑建立的石柱碑亭，石柱为雕龙盘柱，雕刻十分生动。

桥体平长，在桥的西面还有当年宛平县城的城门——威严门，亦为平券门洞，上覆三肩歇山顶。

图6-14 北宋晋祠鸟瞰图

图6-15 晋祠圣母殿及鱼沼飞梁

图6-16 卢沟桥

图6-17 卢沟桥石狮子

第七章　兼得理性与浪漫情调的元明清建筑

第一节 元代建筑

12世纪以来，以成吉思汗为首的蒙古部落在草原上崛起，经过多年征战，建立了一个庞大帝国。由于元代严酷的统治，使得这一时期中国经济、文化发展缓慢，建筑发展也基本处于凋敝状态。元代建筑一度受到外来工匠的影响，并以北方工匠为主，其建筑结构多大胆粗犷，艺术风格狂放不羁。

元世祖忽必烈即位后，先定都上都（今内蒙古锡林郭勒正蓝旗境内），后迁都现在的北京。他废弃金中都，以其东北角的琼华岛大宁宫为中心，开始大规模规划建设，同时也揭开了元明清3代营建北京城几百年的序幕。

元大都由刘秉忠主持规划建设，历时30多年，其城垣南北7400米，东西6635米。东西南3面各开3门，北面开两门，共有大城、皇城和宫城3座城墙。皇城位于城中央，宫城位于城市中轴线上，形成了与《周礼 · 考工记》中的上城规划思想最为接近的“左祖右社，面朝后市”的空间格局。城内街道整齐划一，干道以南北走向居多，街道宽度按主次有明确定制。干道划分出方形街坊，街坊再分成宅院。郭守敬完成了大都水利规划，为城市发展提供了基本保证。

作为一个有完整规划和周密设计，反映当时科学技术最高成就的都市作品，元大都在中国建筑史上占据重要位置。明清北京城即在此基础上改建而成。

由于元朝统治者崇信藏传佛教，这时期的宗教建筑相当兴盛，从西藏到大都建造了许多喇嘛教寺院和塔，带来了一些新的装饰题材与雕塑、壁画的新手法，特别是喇嘛教的雕刻题材和手法，给予明清建筑艺术不少的影响。中国现存形制最大的北京妙应寺白塔，便是元代修建的，该塔高50.86米，是尼泊尔匠师阿尼哥主持设计并修建的。

现存元代另一杰作——山西芮城的永乐宫，原在芮城县北龙泉村，传为唐代“八仙”之一吕洞宾宅第，元代改为道教宫观。现存主要殿堂均是元代典型宫殿式建筑。公元1959年因水利工程影响，迁至现址。

元代建筑实例：

1. 北京妙应寺白塔

至元八年（公元1271），由尼泊尔著名建筑师阿尼哥（公元

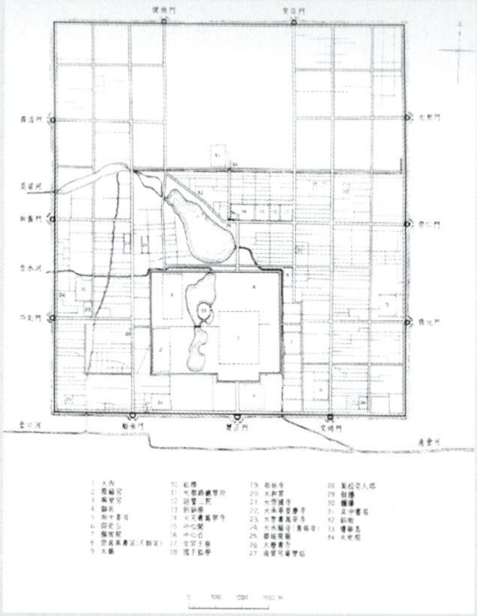

图7-1 元大都平面复原图

图7-2 元大都兽头琉璃瓦当

图7-3 妙应寺白塔

1244—1306年）主持设计，在大都城内阜成门建成了著名的藏传佛教（即喇嘛教）建筑——大圣寿万安寺，作为文武百官演习礼仪、做佛事的地方。寺内设有忽必烈及其子真金的影堂，并建造了一座砖砌喇嘛塔。后来寺院毁于大火，只剩下塔。明代重建，改名为妙应寺，塔因外涂白垩，俗称“妙应寺白塔”。

白塔初名释迦舍利灵通之塔，建在妙应寺的中轴线上，高50.86米，全部砖砌。塔顶是青铜制巨大宝盖，盖上有小铜塔，盖周围垂挂流苏状的镂空铜片和铜铃，徐风吹来，叮当作响。塔顶为金色，塔身涂白垩，金白对比，在蓝天下交相辉映，显得崇高圣洁。

妙应寺白塔是中国早期喇嘛塔中最重要的实例，也是我国保存至今年代最早、规模最宏伟的藏传佛塔。

2. 山西芮城永乐宫

永乐宫是元代道教全真派的重要宫观，在建筑装饰上有许多创新之处。

永乐宫平面布置简单，沿中轴线排列有无极门和三清、纯阳、重阳、丘祖4殿（丘祖殿未作重建），各殿均坐于高台基上。3座主要殿堂内部都留有精美的壁画，题材丰富，线条流畅，是元代壁画的代表作。主殿三清殿面阔7间，进深5间，殿内绘制精美绝伦、反映道家人物和现实生活的壁画。大木结构为抬梁式屋架，外檐柱侧角升起明显。三清殿、纯阳殿上部屋架用瓜柱、柁墩等构件，节点处理比唐宋大大简化。殿内天花、藻井和内檐装修精细，建筑彩画用勾填法绘龙凤、花卉和锦纹，继承了宋代彩画的传统工艺，又有所创新，其青绿色调和构图框架成为明清彩画的主流。

永乐宫原位于永乐镇，20世纪50年代末期因修建水利工程的需要，已全部被按原状迁至芮城县内。图7-8记录的是技术工作者们正在仔细地测量尺寸，组织迁移。

第二节 明代建筑

明代建筑活动仍是遵循古典模式前进，在集前人智慧和本代工匠的努力下，取得令人瞩目的成就。

金元两代均以北京作为都成，但保存至今的北京城则主要是明代修建的。这座伟大的城池，是集中国建筑技术与艺术之大成者，也是中国现有规模最庞大，保存最完整

图7-4 永乐宫

图7-5 永乐宫三清殿藻井

图7-6 永乐宫纯阳殿元代壁画

图7-7 永乐宫三清殿救苦天尊塑像

的古建筑群。明代建国初期定都南京，明成祖朱棣于1406年开始着手修建北京城，1413年新都营建正式动工，1420年迁至新都。其核心部分是宫城——紫禁城，是明清两代的皇宫，居住过14位明代皇帝和10位清代皇帝，统治了中国491年。（由于故宫历经明清两代，其艺术成就将主要在清代建筑一节中叙述）。

图7-8 永乐宫建筑被迁移

图7-9 明孝陵四方城碑

图7-10 明长城

明代的皇陵建筑在继承前朝基本形制的基础上，加以创造和发展，形成了具有鲜明特色的陵区规划，并直接为后来清朝所继承。明孝陵是明太祖朱元璋的陵寝，设在江苏南京紫金山。

而明代主要皇陵则集中在北京昌平天寿山，包括从明成祖到明思宗共13位皇帝的陵墓，史称“明十三陵”，陵园经过不断修建，成为一座规模宏大，建筑完美的陵墓建筑群。十三陵背靠天寿山，南面为蟒山、虎峪山相峙扼守，重峦叠嶂，如拱似屏。自天寿山流下的诸条山溪河道，使陵前有水流通过，形成背山、面水的地势环境，可谓是在大自然的山水环境中挑选出的一块风水宝地。明十三陵最突出的成就是将各陵集中于一区之中，有效地利用山势地形，有主有次，并有主陵道强调重点，整体性极强，体现了大型群体建筑规划的高超水平。

为了加强边疆防御，明代扩修长城，东起鸭绿江，西至嘉峪关，全长8851.8千米，规模之大，超过以前各朝。由于大量使用石材和砖，坚固耐久，明长城得以保留至今。长城设置充分利用山势，多设在曲折的山脉分水线上，特殊地区则以山崖峭壁为墙，沿线设各种类型的大小敌台、墩台、烽火台和关隘。万里长城显示了明代砖石材料建造施工技术的成就，其择址、造型和砖石雕刻也显示了当时建筑艺术的水平，因而成为举世无双的伟大工程。

明代的宗教建筑主要体现在伊斯兰教和藏传佛教即喇嘛教建筑的兴建。伊斯兰教在唐代由东南沿海的通商口岸及长安传入后，清真寺建筑随之发展，主要由外来传教士和商人建造，其砖石结构、平面布局、建筑造型和细部结构较多反映出阿拉伯建筑的特点。元朝以后，清真寺遍及全国，从现存清真寺来看，大多修建或重建于明代，而且逐步与中国传统建筑体系相融合，并形成两种不同风格的形式。新疆地区分布的清真寺是正统伊斯兰建筑的形式，略带地方风格。中原内地的清真寺多采用中国传统建筑的平面布局和构造，包括用材，只是在细部装饰上采用伊斯兰教的样式。无论建筑风格如何，一般清真寺有着自己较为固定的结构模式，主体建筑有礼拜殿、邦克楼、讲堂和浴室。礼拜殿一般坐西朝东，使礼拜者可以向西方（即麦加方向）祈拜，而邦克楼是阿訇招呼教民做礼拜的特殊建筑。明代著名清真寺（或明代重修）有陕西西安的化觉巷清真寺，上海松江清真寺（始建于元代，重修于明代），北京牛街礼拜寺和东四清真寺。

建筑实例：

1. 明十三陵

明成祖朱棣登上皇位后，将都城由南京迁到北京，与此同时，他命令下臣四处寻找适合修建自己陵墓的地方。中国古人从自身的生活经验中认识了人类生存离不开山水和土地，并且学会了选择这种适宜生存的环境。背山面水，三面环山，一面临水，这些都是古人从实践中总结出来的理想生活环境模式，这种经验经过历史沉积形成了中国的风水学说。在中国古代，这种风水学几乎成了选择与决定一切房屋建造地点的指导。

中国古代风水学选村址和宅基讲究山水环境，尤其是山，将山称为龙，风水中讲的觅龙就是寻找山。寻山首先看山脉的出处，古人认为那里是祖先祖居的最高处，由远而近并找到近处的山。寻山还要看山的形势，凡群峰起伏、山势奔驰为好山，只有这种山适宜做村宅的靠山，即背靠大山。除背靠大山之外，左右也需有小山相护，这样组成三面环抱的形势，能够遮住外来恶风，形成小环境的良好气候。另外，在这种三面环山、前方开阔的远处，最好还有远山相对，风水学认为这样的环境能够藏风聚气，适宜人类生存。所以凡活人住宅称阳宅，死后的坟墓称阴宅，都应该选择建造在这藏风聚气的环境里，也就是在三面环山的山脚之下的平地上。

除山之外还需要有水，水流最好是从左右山间流出汇合成溪流横穿村前与宅前。风水学认为，这种适宜人类生存之气遇风则散，遇水则止，所以小水夹峙左右，大水横列在前，再加上三面环山相拥，这才是藏风聚气的真正风水宝地，吉祥之地。

明陵所选择的正是这样一块风水吉祥之地。天寿山山脉自西北蜿蜒而来，它是燕山一支脉，而燕山又是昆仑山、太行山的支脉。昆仑山为中国名山，古人视之为众山之祖，自昆仑祖山蜿蜒而来的天寿山当然更具神圣意义。而天寿山本身又是群峰突起，山势如行龙，连绵数十里，自西而北而东折向东南，呈三面环抱、南面开阔之势，在昌平城区之北又有少量山峰迎面而立。就在这三面环抱的天寿山下有一片平坦之地，在这里安置众多的皇陵不但使诸座陵墓都可以寻找到背后的山峰，而且自天寿山流下的诸条山溪河道，使陵前有水通过，如今有8座皇陵的前面都有河道横行而过，形成了背山面水的地势环境。从15世纪初开始建陵至17世纪中叶，自明成祖朱棣的长陵开始至明朝末代皇帝崇祯的思陵，13位明代帝王都在这里建陵而使天寿山形成一个庞大的帝王陵区。它比宋朝在巩县（今巩义）的诸皇帝陵更加集中，13座皇陵既各自独立，又有一个共同的入口序列，使它们共同组成一个更有气势的皇陵整体，现称明十三陵。

图7-11 松江清真寺二门

图7-12牛街礼拜寺礼拜大殿及后窑殿

图7-13 北京东四清真寺彩画

图7-14 明十三陵

图7-15 明十三陵石牌坊

图7-16 明十三陵永陵隆恩殿前丹陛石

图7-17 明十三陵神功圣德碑楼与华表

明十三陵有一个总入口，位于天寿山南面两座对峙的小山包之间。入口最前为一座石碑楼，6根方形石柱组成5间的牌楼，柱子之间架着梁枋，上面有成排的斗拱支撑着大小11座屋顶，下面有6座基座承托着立柱，基座上布满了狮子等石雕，在梁枋上也有石刻的彩画纹饰。这座全部仿木结构形式的石造碑楼，造型端庄，具有明显的明代建筑简洁而有气势的风格，屹立在四周开阔的平地上，遥对着北面天寿山主峰，成为整座陵区的大门。进石碑楼，经大红门、碑亭，步入陵区神道，神道两侧罗列着包括文臣、武将、马、象、骆驼等共18对石人石兽，神道北端为棂星门，这些组成整座陵区的入口序列。自石碑楼至棂星门全长2.8千米。过棂星门，见到的是天寿山下的一片河滩平地，有一条主道直通长陵，又有若干条支道分别通向其他的12座皇陵。

2. 北京天坛

天坛是皇帝祭天的场所，按礼制，它处于北京城的南郊。明朝中叶北京城扩大，在南面加筑了一道外城墙，于是把天坛围在外城墙之内。天坛建于1420年，与紫禁城建于同一时期，它占地273万平方米（合4095亩），约是紫禁城面积的4倍。

天坛的正门在西面，外面和北京城的中轴线永定门内大道相连，以便于皇帝自紫禁城来祭天。进西门后的路南有一组斋宫建筑，这是供皇帝祭天之前居住的地方。举行祭祀仪式的主要建筑布置在天坛偏东地区，这是一组按南北中轴线排列的祭祀建筑。最南面为圜丘，这是皇帝祭天的场所，它由3层圆形石台基组成，每层台基四周皆有栏杆，在它的四周只有里外两道矮墙相围。圜丘之北是一组皇穹宇建筑，主殿为圆形小殿，是平日置放昊天上帝神牌之地。主殿两侧有配殿，四周有圆形墙相围。在皇穹宇之北是另一组祭祀建筑祈谷坛（主要建筑有祈年殿、黄祈殿和祈年门等），它处于中轴线之北头，是皇帝每年夏季祈求丰年的地方。主殿祈年殿，圆形大殿上面有3层檐的屋顶，下面有3层白石台基，大殿屹立于广场之北，形象十分庄重，前有祈年门，左右各有配殿，四周有围墙，组成完整的建筑群。除这几组主要的建筑之外，还有西门内的神乐署与牺牲所，这是舞乐人员居住和饲养祭祀用牲畜的地方。在圜丘之西和祈年殿附近也有几组宰牲亭、神厨神库、具服台等建筑，它们都是祭祀时屠宰牲畜、制作祭祀食品和平时储存用具、服饰的场所。这众多的建筑满足了皇帝祭天、祈丰年的功能要求。那么它们又是怎样体现出祭祀在精神和艺术上的要求呢？

首先表现在建筑环境上。在4000多亩的天坛内，除了这些建筑群体之外，几乎都种植了松、柏等四季常青之树，大片的绿色丛林使天坛有了一个与紫禁城完全不同的环境。紫禁城是宏伟的，有威慑感的，而天坛是肃穆的，有神圣感的。在祭祀建筑的中轴线上，在南面祭天与北面祈丰年的两组建筑之间有一条长达300米的人行通道，通道宽30米，中央由石板、两侧由灰砖铺砌。通道高出地面4米，两旁松柏丛林，人行通道由南往北，四周一片绿涛，仰望晴天，仿佛步向昊昊苍天之怀，集中体现了这个祭天环境所要达到的意境。

其次，天坛应用了多种建筑造型上的象征手法。古人看到天呈穹隆形，所以是圆的，地呈四方块，所以是方的，天圆地方组成古人对自然天体的认识。天在上，地在下，所以，天坛外围里外两层围墙都是上呈圆形而下呈方形。在建筑形态上，圜丘是圆形的，外围两道矮墙一圆一方，皇穹宇和祈年殿从台基、殿身与屋顶都是圆形的。

在色彩上，天空是蓝色的，所以皇穹宇、祈年殿从主殿到配殿都覆盖着蓝色琉璃瓦，圜丘本身是用白色石料砌造，它四周矮墙顶上也用的是蓝琉璃瓦。天坛整体的色彩是在大片绿色的丛林中闪现出蓝色与白色建筑，纯洁而肃穆。

在数字上，天坛无论在装饰上还是在房屋的构件上都广泛地应用了阳性单数中最高的数字“九”。天坛应属皇家建筑，多组建筑群的大门门板上用排列着纵9列、横9排共计81枚门钉作装饰。祭天的圜丘，其上下3层的台阶数皆为9级。圜丘最上面一层用9圈石料铺砌台面，中央是一块圆形石。第一圈为9块梯形石，第二圈为9×2=18块，第三圈为9×3=27块，直至最外面的第九圈的81块。3层平台的四周都设有石栏杆，最上一层四面的石栏杆，每面各有9块栏板，4面共36块；第二层每面是9×2=18块栏板；最下一层则每面有9×3=27块。但是在祈年殿大殿上这种“九”的象征数字却看不到了，因为祈年殿是皇帝祈求丰年的祭祀场所，这里的象征数字应该与农业生产有关。在这座圆形大殿里有里外3层柱子，最里面为4根大立柱，象征着一年四季；中间12根柱子，象征一年12个月；外檐12根柱子，象征一天12个时辰；中、外两层的24根柱子又象征着一年24个节气。在中国长期农耕社会中，农业生产的丰歉与这些天时季节的确有着密不可分的关系。

这些环境气氛的构成和具有象征性的装饰与处理，有些可以使人们直接感受到，例如绿色的树丛与蓝、白两色

图7-18 明十三陵定陵地宫内景

图7-19 天坛鸟瞰

图7-20 皇穹宇

图7-21 祈年殿

所组成的建筑形象能够营造出一种肃穆和神圣之感。有些数字的象征意义却很隐晦，人们很难发现也不容易理解。这些都表现了古代工匠的智慧，经过他们出色的创造，给人类留下了一份建筑文化的珍宝。1998年，天坛被联合国教科文组织列入“世界文化遗产”名录。

3. 山东曲阜孔庙

山东曲阜的孔庙始建于战国时（公元前478年），明弘治十二年（公元1499年）形成今日之规模，占地327.5亩，有建筑100座，殿堂亭庑466间。孔庙通过一条纵向中轴线将房屋廊庑组成前后9进落院。前三进院是古柏郁郁的庭院，是庙区的引导部分，布置有数道阙门，其后有奎文阁、碑亭、大成殿、寝殿、圣迹殿等主要殿堂。曲阜孔庙历经2000多年，一直是历代祭祀孔子的地方，现存建筑主要完成于明清时。孔庙建筑用黄瓦红墙，满雕龙纹，是中国唯一一座宫殿制式的民间建筑。它位于曲阜城中心，主体建筑排列于南北600多米长的中轴线上，整个建筑群恢宏雄伟，是中国各地孔庙建筑群中规格最高、规模最大的一组。

图7-22 祈年殿内景

图7-23 山东曲阜孔庙

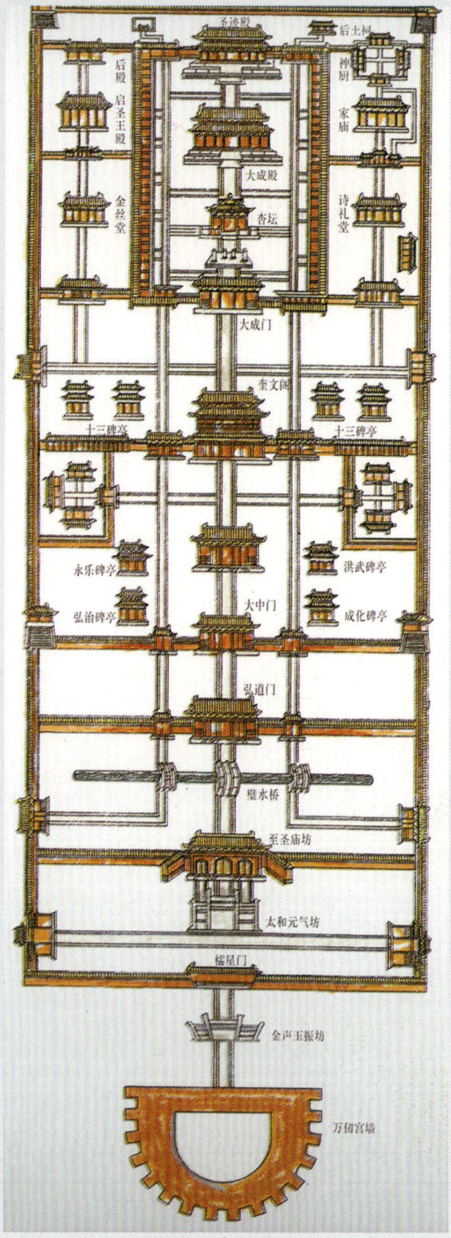

图7-24 山东曲阜孔庙平面示意图

从建筑平面布局上，可以看出整个建筑群的排布体现了儒家礼制规范，按照“面朝后寝”“左祖右社”的格局而建，建筑群包括三殿、一阁、一坛、三祠、两堂、两斋，四周围以高墙。

自入门之后，前部分有棂星门、圣时门，东西有两座牌坊。再进为弘道门，门前有东西二门，东为快靓门、西为仰高门；再进为大中门，这就是曲阜孔庙城的正门，东西各建角楼；再前进即同文门、奎文阁、同文阁，之后接建13个碑亭，就到大成门，门前东为毓粹门，西为观德门。进入大成门即内部客城之门，这时宫城分为三轴建筑：中轴依次排列有大成门、杏坛、大成殿、寝殿、东西两廊以及4个角楼，这是宫城的范围；东轴有永圣门礼堂、崇圣祠、家庙；西轴有启圣门、金丝堂、启圣殿、寝殿。最后部分为东西三合院，东为神庖，西为神厨，这种布局是中国礼制制度的体现。孔庙内陪衬建筑很多，主体建筑并不是很大。

大中门做悬山式顶，角楼自大中门以北，有一围城墙，在城的4个转角，都建有角楼。同文门是一座独立的大门，门做歇山式顶。奎文阁面阔7间、进深5间，做三重檐歇山式顶。毓粹门、观德门这两座门均在奎文阁后、东西两端城墙外，在曲阜城内若是由东到西或由西到东都必须经过这两座门，实际上这两个门之间的道路是曲阜城东西走向的一个通道。大成门面阔5间、进深2间，前后檐为石柱，做单檐歇山式顶。

杏坛在大成门与大成殿之间，平面正方形，每面为3间，每面的中柱用八角石柱，角柱用木柱，额枋窄而高，平板枋宽出额枋。斗拱下檐五踩重昂，补间用3朵；上檐斗拱同样做五踩重昂，在转角上的角昂或由昂逐渐加大尺度，用其承担十字脊歇山式顶。

大成殿是孔庙的中心建筑，也是最重要的建筑。大成殿面阔9间，进深5间，做重檐歇山式顶。大成殿的斗拱下檐单翘重昂七踩，用于回廊一周；上檐斗拱单翘三昂五踩，施于金柱之上，其明面的补间用4朵，次间与稍间各用3朵，廊子用1朵。斗拱的结构采取了清式斗拱式样。

寝殿在大成殿之北，做阶基二重，面阔7间，进深4间，上做重檐歇山式顶，为清式建筑。

4. 化觉巷清真寺

西安化觉巷清真寺始建于明代洪武二十五年（公元1392年），是中国传统建筑类型的清真寺中规模最宏伟的寺院，为全国清真寺之最。化觉巷清真寺占地近12000平方米，分为5进落院，每个落院都有独立的中心建筑。

讲堂设在第三进落院，面阔3间，两翼各有一间，以拱券门与讲堂相通，加上两翼，使屋顶错落有致，在侧面看更为清晰。化觉巷清真寺讲堂的门窗花纹雕饰十分精巧。由于均为木材本色，显示出进堂的庄重气息，墀头也饰以雕刻生动的花纹图案砖雕。

礼拜殿为凸字形，面积1278平

图7-25 孔庙大成殿

图7-26 孔庙大成殿前檐龙柱

图7-27 化觉巷清真寺讲堂

方米，突出部分为窑殿。在中式主体结构上，大量使用各种装饰，有蓝色琉璃瓦，沥粉贴金彩画等，壁内遵守伊斯兰教原则，使用花卉图案、阿拉伯几何纹样装饰，而不用人物动物，木雕、砖雕精细。

图7-28为化觉巷清真寺砖照壁，为大型砖照壁，是寺内数座影壁中的一个，以磨砖对缝砌筑，下部的须弥座、壁身边框及菱形图案和檐木斗拱间均饰砖雕卷草花卉，特别是檐下仿木斗拱镂刻精美，是砖照壁中的佳品。

寺中许多建筑均饰有雕刻花纹，或砖雕或木刻，均细致生动。化觉巷清真寺配殿的隔扇门装饰浮雕对称花卉图案，加之红、绿两色，使其鲜艳如生。

第三节 清代建筑

中国建筑虽历朝历代都受外来风格的影响，但影响力极其有限。在西方列强敲开中国大门之前，清代建筑以中国传统之样式营建。中国建筑在清代形成最后一种雍容大度、严谨华丽、机理清晰而又富于人情味的成熟风格。这是清代建筑的基本风格。至于清末出现的西方建筑对我国古建筑的冲击，是中国建筑向近现代化转变的一个必然趋势，属于近现代范畴，不可以此影响我们对清代建筑的历史评价。

清朝取代明朝之后，继续以北京为首都，北京城中大部分现存古代建筑虽都为清代重建或增建，但基本沿用明朝原有布局，并一直延续至清末。清代统治者沿用北京作为都城，并维持原有建筑的风貌，对于保护这座伟大的古建筑遗物，无疑起到了巨大的作用。

北京城的核心是皇城内中轴线上南北长960米，东西宽760米，并由护城河环绕的紫禁城（即现今故宫博物院）。紫禁城是中国现有规模最庞大、保存最完整的古建筑群。紫禁城采取严格对称的院落式布局，按使用功能分区，根据用途和地位作体量、空间的安排，形成主次、节奏分明的群体，代表了中国古代建筑群体规划的最高水平。

图7-28 化觉巷清真寺砖照壁

图7-29 化觉巷清真寺配殿隔扇门

宫城建有高大城墙，外为护城河环绕，四面各开一门，南面正门为午门。宫内按“面朝后寝”模式布局，前半部为朝政区，以太和殿、中和殿、保和殿三大殿为核心，三大殿坐于土字形平面的三层汉白玉高台上。其中太和殿被誉为“中华第一殿”，面阔11间，室内面积2370平方米，是朝廷大典时使用的。后半部为内廷，即帝后日常生活起居场所，有后三宫：乾清宫、交泰殿和坤宁宫。

紫禁城总体规划参照古制，以殿前五重门为“五门之制”，以三大殿象征“三朝之制”，并套用日月、时辰、天干等概念解释建筑安排，借以表现皇权的至高无上。

清朝定都北京后，在河北遵化和易县设立了两个陵区，称为东陵和西陵。按照清朝的规定，皇帝死后要按照顺序分别葬于两陵内，东陵安葬的是顺治、康熙、乾隆、咸丰、同治5位皇帝及后妃，西陵安葬的是雍正、嘉庆、道光、光绪4位皇帝及后妃。清东西陵在规制上基本沿袭明代，因地势不佳，各陵均平行排列，总体效果不及明十三陵。但仍是中国现存规模最大、保存最完整的帝王陵墓群，其巧夺天工的建筑艺术，是珍贵的历史文化遗产。

喇嘛教在元代开始兴盛，明清时期流行于藏族和蒙古族活动的地方。到了清朝，统治者为了加强藏、蒙地区的统治，极其重视喇嘛教，所以喇嘛教建筑数量很多，分布也很广泛。喇嘛教建筑主要采用藏式建筑造型和处理手法，结构用密梁平顶构架，外墙为厚重的石墙或土墙，收分很大，有大量的水平向装饰带。布局常依山而建，利用地势层叠而上，强化了建筑的雄壮与粗犷。色彩大量采用红、白、棕色对比，辅以鎏金装饰物和青绿彩画，具有浓郁的装饰效果和地方韵味。

这时期修建和重建他朝喇嘛教建筑的典型代表有青海湟中塔尔寺、西藏布达拉宫、甘肃拉卜楞寺等。为了更好地管理喇嘛教，乾隆九年将雍正登基前的府邸雍王府改为藏传佛教寺庙，并改名为雍和宫，作为清朝政府管理喇嘛教事务的中心，同时也是北京地区最大的喇嘛庙。

清代是中国园林艺术发展的巅峰时期，北方是宏伟壮丽的皇家园林，南方私家文人园林充满诗情画意，代表中国园林艺术的最高水平。

在清代建筑的遗存中，还有分布在全国各地的大批特色名居，民居一般指宫殿和官署之外的百姓居住的普通建筑。由于中国幅员辽阔，民族众多，加上气候、物产条件丰富多样，使得中国民居在建筑外貌以及细部装饰上呈现出异彩纷呈的局面，其多样性的风格是中国建筑艺术的重要组成部分。（园林和民居将在后面章节详细介绍）

规模方整的城市，生动活泼的街市面貌，大量出现的私家和皇家园林，臻于成熟的造园手法是明清建筑艺术的风格，盛清建筑继承了前代理性精神与浪漫情调。

建筑实例：

1. 北京故宫（紫禁城）

紫禁城坐落于北京城的中心，筹建于明成祖永乐五年（公元1407年），兴建于永乐十五年至十八年，整个营造工程由侯爵陈圭督造，规划师吴中具体负责。故宫是世界上现存最大、最完整的古代木结构建筑群，集中体现了中华民族的建筑传统和独特风格。

故宫是一座长方形的城池，南北长960米，东西宽760米，总建筑面积72万多平方米，四周有高10米多的城墙围绕，城墙的外沿周长为3428米，城墙外有宽52米的护城河，是护卫紫禁城的重要设施。

故宫东西南北开有4座城门，南门为午门、北门为神武门，东门为东华门、西门为西华门。城的四角各建有一座角楼。每座角楼各有9梁、18柱、72脊，结构复杂，式样奇特，为传统建筑中罕见的杰作。整个故宫的建筑布局严谨规则，主次有序，并用形体变化、高低起伏的手法，使空间丰富多变。

午门是故宫的正门，在城墙墩台上建有一组建筑。正中是宽9间的庑殿顶重檐大殿，殿高40米，是故宫的最高建筑。两侧有连檐通脊的殿阁伸展而出，四隅各有一个高大的角亭，这一组建筑称五凤楼，巍峨壮丽、气势浑厚。午门广场呈纵长矩形，午门屹立于广场尽端，平面继承隋唐以来如大明宫含元殿的传统，作向南敞开的

图7-30 太和殿

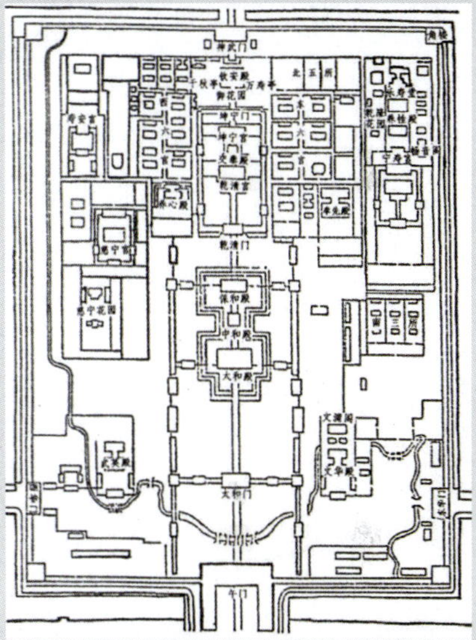
图7-31 北京故宫平面图

图7-32 北京故宫

图7-33 故宫午门和内金水桥

凹字形。凹字平面有很强的表现力，当人距午门越来越近时，三面围合的巨大建筑、单调的红色城墙逼面而来，封闭、压抑而紧张的感受也愈来愈强，更显示出皇权的凛然不可侵犯。

进午门，经过一个大庭院，再过金水桥，入太和门，即是外朝的三大殿，太和殿在前，中和殿居中，保和殿在后，依次建筑在一个呈土字形的高大基台上。因为按中国金、木、水、火、土的五行观念，土居中央，最为尊贵。基台高8.13米，分3层，用汉白玉砌筑而成。每层当中都有石雕御路，边上装饰有栏板、望柱和龙头。据统计，共有透雕栏板1414块，刻有云龙翔凤图案的望柱1460根，龙头1138个。栏板下以及望柱上伸出的龙头口中，都刻有小洞口，每当下雨，水由龙头流出，恰似千龙喷水，蔚为壮观。

图7-34 太和殿内景

图7-35 乾清宫内景

太和殿又称金銮殿，是皇帝发布政令和举行大典的场所。殿高35.05米，宽63.96米，深37.20米，是故宫最大的建筑，也是全国现存最大的木构建筑，集中体现了中国传统木构建筑的特点。太和殿用73根大木柱支承梁架形成重檐庑殿式屋顶，上檐斗拱出挑单翘三重昂九踩，下檐为单翘重昂七踩。整座建筑庄严雄伟，富丽堂皇。

太和殿体量巨大，其与层台形成的金字塔式的立体构图，以及金黄色琉璃瓦，红墙和白台，使它显得异常庄重和稳定，强调区别君臣尊卑的等级秩序，渲染出天子的权威。建筑家通过本来毫无感情色彩的砖瓦木石，和在本质上不具有指事状物功能的建筑及建筑组合，既显现了天子的威严，又体现出天子的“宽仁厚泽”，还通过壮阔和隆重彰显了帝国的气概，如此复杂精微的思想意识，被抽象却十分明确地宣示出来，是中国建筑艺术的骄傲。

与外朝的宏伟壮丽、庭院开阔明显不同，作为帝后生活居住区的内廷呈现深邃的特征。内廷有乾清宫、交泰殿、坤宁宫，两侧是供嫔妃居住的东六宫和西六宫，也就是人们常说的“三宫六院”。前院乾清宫大殿最大，中院坤宁宫较小，乾清、坤宁之间是方形平面的交泰殿，三殿共同坐落在一个一层高的工字形石台基上。

乾为阳，为男；坤为阴，为女；交泰则为阴阳和合，后寝三殿的命名包含着中国人关于宇宙的哲学认识。

后寝以后是御花园，虽为花园，但所有建筑、道路、小池甚至花坛和栽植，都规整对称，只在局部有些变化，与中国园林特别强调的自由格局很不相同，这是因为它是格局严格对称的皇宫内的花园，又位于中轴线上，局部需服从整体，以保持全局格调的完整。御花园中古木参天，浓荫匝地，花香袭人，波底藏鱼，富于生活情趣。

御花园以北通过一个小广场即为神武门，有高大的城楼，过门经护城河即达景山，是故宫的结束。景山筑于明代，约高50米，中高边低，略作向前环抱之势。清代沿山脊建造了5座亭子，中万春亭最大，方形三重檐，以黄色为主；两旁二亭较小，八角重檐，黄绿相当；最外二亭最小，圆形重檐，以绿色为主。在体量、体形和色彩上呈现了富有韵律的变化，并分别与庄重的宫殿和宫外活泼的皇家园林在气氛上取得和谐。

整个故宫的布局，以午门至神武门作中轴，呈对称性排列。中轴线向南延伸至天安门，向北延伸至景山，恰与北京古城的中轴线相重合。登上景山，眺望故宫，飞檐重叠，琉璃连片，壮丽辉煌，气象万千，堪称中国传统建筑之瑰宝。

2. 西藏布达拉宫

坐落在拉萨市红山上的布达拉宫，是松赞干布为纪念与文成公主成婚而兴建的，始建于公元7世纪，后毁于雷火与兵燹，现在的布达拉宫是17世纪后陆续重建与扩建的。这是一座体现了政教合一的大型宫殿寺院，全宫分作白宫、红宫、山脚下的“雪”与山后的龙王潭4部分。面积最大的白宫是达赖的宫殿，喇嘛诵经殿堂与住所以及僧官学校也在这里；红宫是历世达赖的灵塔殿和各类佛堂；山脚下的“雪”是地方政府机构，有法院、印经院，以及为达赖服务的作坊等；龙王潭为宫中的后花园。布达拉宫几乎占据了整座红山，从底到顶高达117.19米，外观完全采取了西藏本地的碉楼城堡形式，上下13层，但在顶层仍采用汉地宫殿的歇山式屋顶和成排的斗拱。宫殿上下左右连为一体，高低错落，宫墙红白相衬，宫顶金色闪烁，气势雄伟，表现出西藏寺庙独有的粗犷与雄劲之美。

清朝乾隆年间，朝廷为了团结藏、蒙地区的政教领袖，特地在河北承德兴建了多座喇嘛教寺庙以表示对少数民族的尊重。其中的普陀宗乘之庙是仿布达拉宫，须弥福寿之庙是仿西藏日喀则的扎什伦布寺而修建的。在这两座庙里都建有高大红墙或白墙的主殿与配殿，寺内殿堂不求规则对称而依山势布局，灵活多变，展现出西藏寺庙的雄姿。

3. 清东陵与西陵

公元1644年，清兵进入山海关内，开始了清王朝对全国的统治。入关后第一位皇帝顺治帝当时只有7岁，去世时才24岁，但是就在他在位的18年中，这位年轻的皇帝仍亲自到北京四周寻察，选择他身后埋身之地。最后选定北京以东的河北省唐山市遵化境内一块宝地为陵区，称为东陵。陵区距北京125千米，北有吕瑞山作为背靠之山，东边的倒仰山、西边的黄花山左右相护，前有金星山相对，其中又有马兰河、西大河两水环绕，是一块藏风聚气的风水宝地。在这块陵区内，自顺治皇帝的孝陵开始，先后建造了5位皇帝的陵墓和他们的皇后陵、皇妃寝，共计15座陵寝。顺治皇帝的孝陵居中，其他陵寝分列左右，孝陵最前方巨大的石牌楼和大红门又是整座陵区的大门，使东陵成为一个有机的整体。

清朝第三位皇帝雍正本应随他的父亲与祖父也葬在东

图7-36 故宫角楼

图7-37 布达拉宫全景

图7-38 清东陵孝陵神道石牌坊

陵，而且也初步选定了陵址，但经大臣与风水师勘察后认为此处土中带沙石，土质不佳，四周山势不全，于是又在其他地方另寻宝地。后来在离北京120多千米的河北易县境内找到一块陵区，这里北有泰宁山，东西也有山脉相护，一条易水河流经陵前，也是一块风水宝地。雍正皇帝决定将自己的陵墓建于易县。因易县位于京都之西，故称西陵。西陵自雍正的泰陵开始先后又建有4位皇帝的陵墓和他们的皇后陵和皇妃、公主、王爷的园寝，共计14座陵寝。泰陵前方的3座大石碑楼和大红门也成为整座西陵陵区的入口，连着大红门两侧的围墙向东西延伸，连绵21千米，把陵区中的陵寝建筑包围其中，使西陵成为一个整体。

此处选择两座有特点的陵寝介绍如下：

清东陵的裕陵：裕陵是清朝第四位皇帝乾隆的陵墓。乾隆25岁登上皇位，因为他不愿意超过他的祖父康熙在位61年，所以当了60年皇帝后退位，但又当了3年太上皇，直至89岁去世，是中国封建社会中掌权最长，也是寿命最长的皇帝。乾隆在位时期，社会政治稳定，经济发展较快，国家财力富庶，是清朝的一段盛期。他的陵墓占地达46.2万平方米，建造了10多年，除乾隆外先后下葬有乾隆的皇后2人，皇贵妃3人，共计6人，时间相隔长达47年，最后下葬的是乾隆本人。裕陵地宫已发掘，但因墓室早年被盗，所以墓内殉葬品已被洗劫一空，所幸墓室仍保存完整，为今人留下了一座地下宫殿。

地宫由明堂、穿堂、金券3部分组成，前后有54米之深，全部由石料建造，并且在墓室的四壁、顶部和门上几乎都有佛教雕刻装饰。墓室前后共有4道石门，8面门扇都由石造，高3米、宽1.5米、厚0.19米的门扇有3吨重，在8面门扇的正面各雕着一位菩萨立像，门券洞的两壁雕有四大天王像。金券为裕陵地宫的主墓室，是当年停放皇帝、皇后、贵妃棺木的地方。在金券的拱形顶上刻着3朵大佛花，花心由佛像和梵文组成，四周有24个花瓣围绕。拱顶东西两头的半圆形石墙上刻有佛像和八宝图案。金券四周墙上则满刻梵文的佛经和用藏文注音的梵文经书，梵文647字，番文有29464字。所有这些佛像、八宝图案和经文雕刻细腻，风格统一，布局均匀而有序。乾隆生前笃信佛教，死后也将自己的墓室装饰成一座地下佛堂。

图7-39 清东陵的裕陵

清东陵的定东陵：定东陵是清朝慈禧太后的寝陵。按清朝制度，凡死于皇帝之后的皇后另立陵安葬，陵地位于皇陵两侧，清咸丰皇帝的两位皇后慈安与慈禧皆死于咸丰之后，均建陵于咸丰皇陵定陵之东，故称定东陵。慈安、慈禧两陵东西并列，形制完全相同，始建于公元1870年，经6年建成，前有碑亭、隆恩门，中有隆恩殿及左右配殿，后有明楼及宝顶地宫，组成很完整的建筑群体，慈安皇后于1881年病死葬入陵中。慈禧太后于同治、光绪两位皇帝在位时垂帘听政，权势超过皇帝，在她60岁时，下令将定东陵的地面殿堂拆除重建，历时14年至慈禧去世时（1908年）才完工。经过重建的隆恩殿，柱子、梁枋和门窗全部采用名贵的楠木和花梨木制成，这些梁枋上用金色绘出龙、祥云、花卉等纹样，立柱上原来也有鎏金的盘龙和莲花装饰，可惜现在已经剥落。大殿内墙上镶嵌着贴金的雕花面砖，组成“五福捧寿”和“万字（卍）不到

图7-40 清东陵的定东陵丹陛石刻

头”等具有吉祥意义的图案。在大殿下面的石台基上也满布雕刻，台基四周石栏杆的栏板上雕有凤在前龙在后的石刻，栏板之间的石柱子，柱头雕凤，柱身雕龙，组成龙首向上仰望凤的景象，台基台阶中央也有凤在上、一条龙在祥云中翘首向上追凤的画面。只要对比一下紫禁城内宫殿石栏杆上的双龙戏珠和台阶中央的九龙御道就可以清楚地看到，定东陵里出现的凤在上、龙在下的石雕绝不是偶然现象，它反映了慈禧太后两朝垂帘听政、权势超越帝王之上的一段特殊历史，表现了慈禧无限膨胀的权欲。

清朝皇陵虽分东、西二陵，但它们的形制仍沿袭明朝皇陵的制度，诸座皇陵既相互独立，又有一个共同的入口，组成一个陵区整体。清朝除东、西陵之外，在清朝入关前的都城盛京（今辽宁省沈阳市），有清太祖努尔哈赤和清太宗皇太极的福陵、邵陵各一处。另在清朝统治者的老家辽宁新宾县有一处埋葬老祖宗的永陵，陵中埋有清朝的创立者太祖努尔哈赤的父亲以及上几代祖宗。

以上分布在河北、辽宁等处的11座清皇帝陵和一座祖陵，与江苏南京的明孝陵、北京的明十三陵、湖北的明显陵共同组成的明清皇家陵寝，以它们所具有的丰富历史与文化价值，被联合国教科文组织列入“世界文化遗产”名录。

4. 雍和宫

雍和宫原为清雍正登基前的府邸。雍正登基后改名雍和宫，死后又停灵于此，改屋顶绿瓦为黄瓦。乾隆皇帝为统治需要，推崇喇嘛教，在北京及离宫避暑山庄均建有喇嘛教寺院。乾隆九年（公元1744年）改雍和宫为藏传佛教寺庙，作为清朝政府管理喇嘛教事务的中心。

雍和宫总体布局十分紧凑，有明确的中轴线。寺门外有3座牌楼和百米甬道。寺门内有碑亭、钟鼓楼、天王殿、雍和殿、永佑殿、法轮殿、万福阁及配殿、配楼等建筑。寺内建筑以中国传统木结构形式为主，间以喇嘛教的装饰。法轮殿是寺内主殿，平面为十字形。殿顶起5座小阁，呈金刚宝座塔式，具有鲜明喇嘛教建筑特点，整座寺院是汉族建筑融合藏传文化的代表。

永佑殿为雍和宫主体建筑，结构为单檐歇山式，室内梁栋、斗拱、天花、藻井上都饰以龙纹、夔纹、莲纹、草纹、云纹、雷纹、八瑞相等彩绘花纹。

雍和宫最后一进大殿为万福阁，两层三檐，两边并列有永康阁和延绥阁，皆为二层楼阁。3阁之间以飞悬的阁道相通，称为“飞廊”，是辽金时代建筑风格的难得佳例，明清实属罕见。万福阁内矗立高18米的弥勒佛站像，佛顶直达天花，万福阁就是围绕佛像建造的3层檐大阁。延绥阁位于万福阁的西侧，共有两层，与万福阁相距2丈（6.6米）以上，在二层楼面上有悬空飞廊于万福阁相通，“花开现佛”莲台即在其中。

图7-41 雍和宫万福阁

图7-42 雍和宫“花开现佛”奇观

图7-43 雍和宫万福阁慈氏弥勒菩萨

第八章　玲珑精巧的园林艺术

第一节 园林艺术概述

若追溯中国园林的历史，大约可以从公元前11世纪奴隶社会末期开始，一直到清代末期。在漫长的历史长河中，中国园林艺术不断自我完善，受外来影响甚微，发展极为缓慢，表现为持续的渐进过程。大概可分为生成、转折、全盛、成熟4个时期。生成时期是中国园林产生和成长的幼年时期，相当于商周、秦汉时期，商周时期朴素的囿，是在植被茂盛、鸟兽栖息的地段，掘沼筑台，作为游憩生活的境域。秦汉在囿的基础上发展出苑的形式，其中汉代建章宫太液池中分布着传说中的海上仙山“蓬莱、方丈、瀛洲”。这种“一池三山”的形式，成为后世宫苑中池山建筑的范例。

建于此时期的南越国御花园的遗址是迄今为止发掘年代最早的中国宫苑遗址。南北朝是中国园林艺术的转折时期，这时期的民间私家园林异军突起，初步确立了园林美学思想，奠定了中国风景式园林发展的基础。隋唐属于中国园林艺术的全盛时期，唐代文化的宏放风度和旺盛生命力，使得造园活动活泼而形式丰富，园林体系的风格特征已经基本形成。园林艺术的成熟时期相当于两宋到清代，特别是清代是中国园林艺术发展的顶峰时期，北方的皇家园林和南方的私家文人园林不同程度地吸收前人经验，借鉴文学、绘画理论，园林艺术在工程技术允许的条件下，充分体现着诗情画意。

中国园林艺术作为一个园林体系，有着自己鲜明的个性和独特的审美方式。“虽由人作，宛自天开”是园林审美的评价标准。我们可以从两个方面来进行分析。其一是客观手法的运用，主要包括筑山置石、理水、园林植被、园林建筑4个方面，它们是组成园林的主要材料和基本物质要素。其二是主观意境的含蕴，当然主观仍是依附于客观物质材料上的。自然界的山岳，以其丰富的外貌和广博的内涵而成为大地景观最主要的组成部分。在园林的地形整治中，筑山便成了一项最重要的内容。筑山即堆筑假山，匠师们广泛采用各种造型、纹理、色泽的石材，以不同的堆叠风格而形成许多流派，园林假山都是真山的抽象化和典型化的缩移摹写。叠石为山的风气到后期尤为盛行，几乎是“无园不石”。此外还有选择整块天然石材陈设在室外作为观赏对象的，这种做法称为

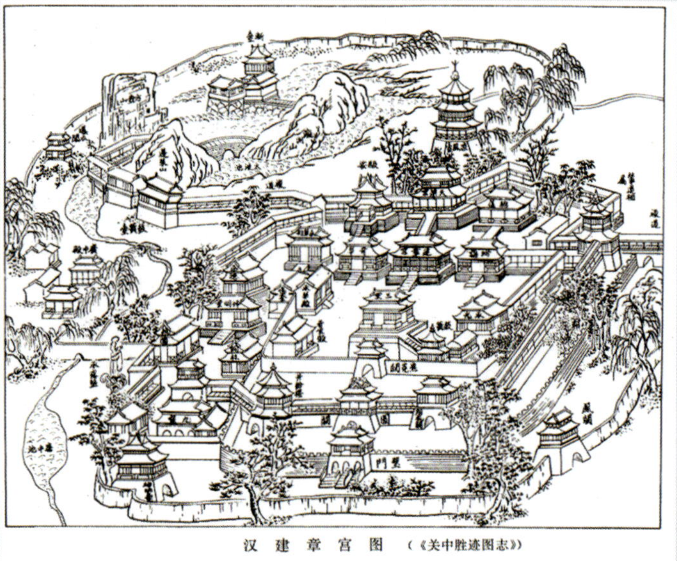

图8-1 建章宫太液池“一池三山”

图8-2 西汉南越国御花园遗址

"置石"。水体在大自然的景观构成中是一个重要元素，既有静止美，又能显流动状态的美。一般来说，有山必有水。"筑山"和"理水"不仅成为造园的专门技艺，两者之间相辅相成的关系也是十分密切的。园林内开凿的各种水体都是自然界中河、湖、溪、涧、泉、瀑等的艺术概括，在有限的空间内尽写天然水景的全貌，这就是"一勺则江湖万里"之立意。园林植被以树木为主调，不求成行成列，但也并不是随意而为，往往以3株5株、虬枝枯干而予人以蓊郁之感，运用少量树木的艺术概括而表现天然植被的万千气象。此外，观赏树木和花卉还按其形、色、香而"拟人化"，赋予不同的性格和品德，在园林造景中尽显其象征寓意。在园林中，人工的建筑与自然的山水树石互相配合，不可或缺，一般而言，建筑作为人工景观，其造型、色彩、质感极易凸显于其他自然要素之上。然而，中国古典园林中的建筑在特定环境条件下，并不是突兀和生硬的，而是综合采用了各种处理手法，使之与环境协调，从而在园林总体上使得建筑美与自然美融和起来，达到一种人工与自然高度谐调的境界——天人合一。

在主观审美上，首先是"诗情画意"，熔铸诗画艺术于园林艺术中。诗情，是把前人诗文的某些境界、场景，在园林中形象地复现出来，或者运用景名、匾额、楹联等文学手段对园景作直接的点题。而且还借鉴文学艺术的章法、手段使得规划设计颇多类似文学艺术的结构，在游历时，仿佛朗读诗文一样酣畅淋漓。风景式园林都或多或少地具有"画意"，都在一定程度上体现绘画的原则。中国园林是把园林景观作为大自然的概括和对山水画的升华，以三维空间的形式复现到人们的现实生活中来。如在假山的营造上，"画家以笔墨为丘壑，掇山以土石为皴擦；虚实虽殊，理致则一"。在选择树木花卉上也很受文人画所标榜的"古、奇、雅"格调的影响，讲究体态潇洒，色香清俊，堪细品玩味，有象征寓意。

意境是中国艺术创作和鉴赏方面一个极为重要的美学范畴。意即主观的理念、感情，境即客观的生活、景物。意境产生于艺术创作中"意"和"境"的结合，即创作者把自己的感情、理念熔铸于客观生活、景物之中，从而引发鉴赏者类似的情感、激动和理念联想。园林由于具备了诗画的综合性和三维空间的形象性，其意境内涵的显现比其他艺术门类就更加明晰，也更易于把握。意境的含蕴既深且广，其表述的方式必然丰富多样，大体有如下3种不同的情况：其一，幻化意境——移天缩地，借助人工叠

图8-3 古典园林的叠石

图8-4 古典园林的理水

图8-5 古典园林的建筑与植被

图8-6 苏州环秀山庄假山

山、理水把广阔的自然山水风景缩移模拟于咫尺之间；其二，预设意境——意在笔先，预设一个意境的命题，从而借助于山水、花木、建筑所构成的物境，把这个主题表达出来；其三，点题意境——景题点睛，在园林建成之后再根据现成物境的特征作出文字的“点睛”——景题、匾、联、刻石等。

皇家园林和私家花园是中国古典园林的两大主要类型。皇家园林气魄宏大，占地多，规模大，充分利用天然山水风景的自然美，常常以真山真水为造园要素，所以更重视选址，手法近于写实，技艺精湛，巧夺天工。同时规划分区明确，园中有园，主题突出，内涵丰富。现存皇家园林以清代最完整，如颐和园、河北承德避暑山庄、圆明园等，都以宏大的气派驰名天下。

私家园林规模较小，内容朴实，历史多为文人造园，所以更多地将诗情画意融入自己营造的小天地中。私家园林虽小，但以小见大，以少胜多，以一当十。同时由于园林主人一般都具有较高的文化修养，私家园林没有苑囿风景中那种艳丽夺目的色彩，大都清雅质朴，充满文意与书卷气。明清时期，私家造园之风兴盛，这时期有名的南方私家园林有无锡的寄畅园，扬州的，苏州的拙政园、留园、网师园和环秀山庄、狮子林等。

图8-7 广东余荫山房由游廊门罩望峥嵘假山

图8-8 承德避暑山庄平面图

图8-9 承德避暑山庄水心榭

图8-10 承德避暑山庄烟雨楼

第二节 园林建筑实例

1. 承德避暑山庄

承德避暑山庄又称“热河行宫”，坐落于河北承德市中心以北的狭长谷地上，总占地面积8400亩。

清朝自建立时起，保障长城以北地区的安定以巩固全国政权就是摆在帝王面前的头等大事。清朝一反前朝依托长城消极防御的做法，对边疆蒙藏各少数民族采取军事威慑与政治怀柔双管齐下的积极措施。1681年，康熙在塞外设立“木兰围场”，以后每年定期率大军来此，会同蒙古各部落王公，名为打猎习武并大加封赏，实则锻炼军队震慑边疆。为保障北巡期间全国政令畅通，1703年，康熙亲自选定位于木兰围场与北京之间一处草木茂盛、泉水清冽、峰峦奇特的蒙古牧场，营建了一座特大型行宫御苑。康熙五十年，康熙帝还亲自在山庄午门上题写了“避暑山庄”匾额。雍正时一度暂停营建，乾隆六年（公元1741

年）到乾隆五十七年（公元1792年）又继续修建，整个山庄的营建历时近90年。

避暑山庄从一开始就不仅仅是作为帝王避暑消遣之地而建设的，它更多地是要作为一个规模巨大的多民族大帝国的象征。避暑山庄在景区构思上刻意效仿大江南北长城内外的自然风貌，不遗余力地荟萃天下名胜，开创清代集锦造园艺术之先河。

这座规模巨大的皇家园林由宫廷区、湖泊区、原野区和山岳区4大部分组成。

宫廷区是皇帝北巡期间处理政务和日常起居的地方，位于山庄南部，其布局严谨，院落井然，既有凛然威严之气度，又十分注意与自然山野环境协调，清秀素雅、古朴淡泊。宫廷区包括正宫、松鹤斋、万壑松风和东宫4组建筑，布局严整，是紫禁城的缩影。正宫是清代皇帝在山庄时，处理政务、休息和举行重大典礼的地方；松鹤斋寓意“松鹤延年”，建于乾隆年间，供太后居住；万壑松风是清帝批阅奏章和读书处，是宫廷区与湖区的过渡建筑，造型与颐和园的谐趣园类似；东宫在宫廷区最东面，为清帝举行庆宴大典的场所，后毁于战火。

宫廷区之外就是由湖泊区、原野区和山岳区组成的苑景区。湖泊区位于宫廷区以北，湖区集南方园林之秀和北方园林之雄，将江南园林的景观移植到塞外。湖泊区依照自然的形成加以人工疏浚，使泉水溪流汇集成湖。湖上洲岛罗列，一条效仿杭州西湖长堤的“芝径云堤”将湖中主要三岛连为一体，将水面分割成大小形状各不相同，时而浩淼豁然，时而幽深迷离的多块水域。湖岸洲心亭榭相望，镇江金山寺、嘉兴烟雨楼、苏州狮子林等江南名胜尽在其中。

区内湖泊总称“塞湖”，总面积57万平方米，洲堤28万平方米。塞湖包括9湖10岛。9湖是：镜湖、银湖、下湖、上湖、澄湖、如意湖、内湖、长湖、半月湖。10岛有5大5小，大岛有文园岛、清舒山馆岛、月色江声岛、如意洲、文津岛；小岛有戒得堂、金山岛、青莲岛、环碧岛、临芳墅岛。今9湖尚有7湖，10岛尚存8岛，洲岛之间由桥堤相连。

湖区北岸是原野区，占地53万平方米。这里既有万株参天古木，麋鹿野兔竞逐其间，又有千亩如茵芳草，蒙古毡包安卧其上，一派北国雄犷风采，与湖洲区婉约的江南情调恰成对比。南部沿湖有亭4座，从西至东依次是水流云在、濠濮间想、莺啭乔木、甫田丛樾。其他景观还有：萍香泮、春好轩、暖流暄波、万树园、试马埭、永佑寺、舍利塔。区内的万树园不施土木，仅按蒙古民族的风俗习惯设置蒙古包数座，乾隆帝常在这里召见各少数民族政教首领，举行野宴。

原野区的西部和北部是山丘区，面积422万平方米，占避暑山庄总面积的五分之四，山峦峻峭，属燕山余脉风云岭山系。其间亭台如繁星点缀，宫墙似长城蜿蜒。

自北而南有松云峡、梨树峪、松林峪、榛子峪等4条大的峡谷。峰岗崖坡之上，与山水林泉巧于因借，宜亭斯亭、宜轩斯轩、宜庙斯庙，康、乾时期在山区修建了40余处楼、亭、庙、舍，均有御路和羊肠步道相通。

避暑山庄周围的12座建筑风格各异的寺庙，从康熙五十二年（公元1713年）开始建造，前后历时近70年建成，是当时清政府为团结蒙古、新疆、西藏等地区的少数民族，利用宗教作为笼络手段而修建的。其中的8座由清政府直接管理，故被称为“外八庙”。以普宁寺、普乐寺、普陀宗乘庙和须弥福寿藏式风格比较明显。这些寺庙融合了汉、藏等民族建筑艺术的精华，气势宏伟，极具皇家风范。

避暑山庄及周围寺庙是帝王苑囿与皇家寺庙建筑经验的结晶，园林建造实现了“宫”与“苑”形式上的完美和“理朝听政”与“游息娱乐”功能上的高度统一，成为帝王宫苑体系中的典范之作。它继承和发展了中国古典园林“以人为之美入自然，符合自然而又超越自然”的传统造园思想，完全借助于自然地势，因山就水，顺其自然，同

图8-11 承德避暑山庄采菱渡

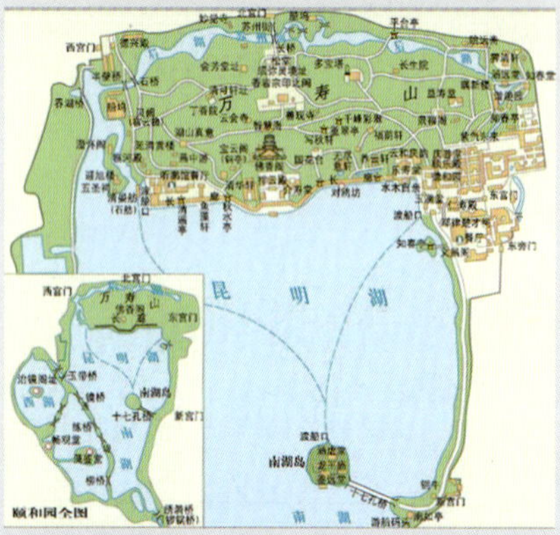

图8-12 颐和园平面图

图8-13 颐和园万寿山佛香阁

图8-14 颐和园西堤玉带桥

时融南北建造园艺的精华于一身。在建筑上，它继承、发展，并创造性地运用各种建筑技艺，撷取中国南北名园名寺的精华，仿中有创，表达了“移天缩地在君怀”的建筑主题。在园林与寺院、单体与组群建筑的具体构建上，避暑山庄及周围寺庙实现了中国古代南北造园和建筑艺术的融合，囊括了亭台阁寺等中国古代大部分建筑形象，展示了中国古代木架结构建筑的高超技艺，并实现了木架结构与砖石结构、汉族建筑形式与少数民族建筑形式的完美结合。它是中国园林史上一个辉煌的里程碑，享有“中国地理形貌之缩影”和“中国古典园林之最高范例”的盛誉。

2. 颐和园

位于北京西北郊的颐和园是清代建造的又一座特大型皇家园林。

1744年，乾隆皇帝在完成被他夸为“天宝地灵之区，帝王豫游之地，无以逾此”的圆明园扩建之后，曾表示要后代子孙不必再造新园。但事隔不久他就“不得不”自食其言，因为他又发现了一处有着绝佳山水风貌的地方，这就是元代郭守敬为向大都供水而拦蓄的西湖瓮山泊，它与其北面的瓮山形成较为理想的山水配置。比起地势平坦的圆明园，此外有着无可比拟的天然优势。早在明代时就有人在这里营建园林，并将它与闻名天下的杭州西湖相比，也把它称为西湖。乾隆皇帝对杭州西湖也心仪已久，曾多次下江南游赏西湖。1750年，他以为皇太后祝60大寿的名义，将瓮山改名为万寿山，并在山上修建大报恩延寿寺。同时，他借口整治水利，以杭州西湖为样板开始大规模拓展湖面，并仿效汉武帝上林苑昆明池，将湖名改为昆明湖。1751年，乾隆皇帝正式将这座新园命名为清漪园，至1764年建设完成。

这座特大型皇家园林的总面积达到290万平方米，以面积达221万平方米的昆明湖为主要景观。湖的东北岸为宫廷区，原建筑较少，1898年曾作较大扩建。湖的南、西两岸仿效杭州西湖意境和传统造园模式做一堤三岛，一堤即西堤，三岛即南湖岛、治镜阁、藻鉴堂，并遥借西山群峰和玉泉宝塔，使有限园林空间得以无限拓展，为中国传统造园“借景”艺术之绝佳范例。湖的北岸是万寿山，山下750米长廊如带，曲折飘逸于青山碧水之间，廊枋彩绘以杭州西湖美景为主，兼以人物故事和博古器物。万寿山前后各有一组大型建筑群，位于山前南坡的是大报恩延寿寺，殿堂庙宇从下至上沿一条主轴线层层上升。主体建筑佛香阁雄踞半山腰高台之上，成为全园瞩目的中心，它的

图8-15 颐和园石舫

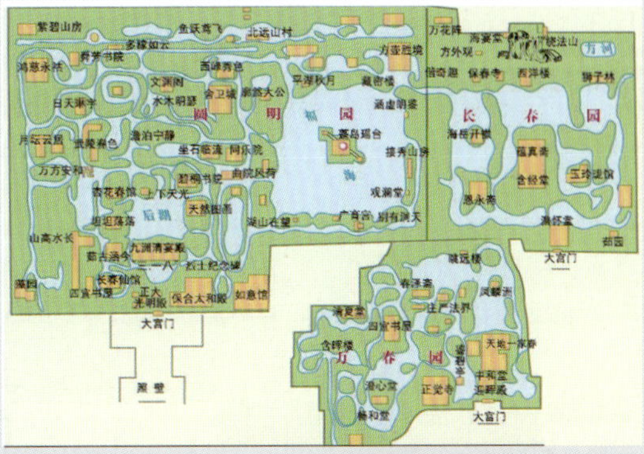

图8-17 圆明园平面图

图8-16 颐和园苏州街临河两岸

图8-18 清代《圆明园图》

体量十分庞大，如果将它建在山巅，则会显得十分招摇突兀目空一切，从而大大破坏园林意境。将它建于半山，仿佛以山形为天然宝座，以其硕大体量置身其中，坐拥万寿山，俯瞰昆明湖，更显得气宇轩昂，极具皇家气派。万寿山后是另一组大型宗教建筑群，名为须弥灵境。这组建筑的布局和造型同避暑山庄外八庙中普宁寺一样，也是模仿西藏古寺桑耶寺，具有浓郁的西藏特色。此外，万寿山后有名的景区还有模仿江南水乡街肆的“苏州街”，和仿江苏无锡寄畅园而建的惠山园（即今谐趣园）。

1860年，这座有着“无双风月”美名的清漪园与圆明园一道被英法联军焚毁。1886年，财政上早已捉襟见肘的清朝实际统治者慈禧太后不惜挪用水师经费重新修复清漪园，并将其名改为颐和园。1894年，清朝北洋水师覆灭于日军之手，使已经灾难深重的中国又蒙受了更大的耻辱。1900年，八国联军入侵北京后，此园再遭破坏。1902年，慈禧太后再次下令修复，1924年，颐和园被民国政府正式辟为公园。

3. 圆明园

圆明园是北方一座大型皇家园林，乾隆皇帝曾将它作为离宫，为北京有名的三山五园之一。它的特点是在平地上造园，这是少见的，它代表着我国封建社会后期园林史上的一个高峰。圆明园从康熙四十六年（公元1707年）开始修建，前后经过雍正、乾隆、嘉庆共一百多年，才基本建成。

建造圆明园主要是为了皇帝避暑、游乐、休息、居住，同时还在园子里处理朝政、进行各种政治活动，所以园里有“外朝”与“内寝”的宫廷区。

圆明园占地350万平方米，建筑面积近20万平方米，由圆明、长春、绮春三园组成，统称圆明园。其中圆明园共计62个景，其中的正大光明、九州清宴、镂月开云、碧桐书屋、万方安和、汇芳书院、慈云普护等都是有名的。长春园共30个景，殿宇最多，其中的淳化轩、思家斋、西洋楼等都较著名。万春园共20个景。

圆明园中对山的运用很具有特色，堆山占全园的1/3，其中最高的山有15米。山的形态大部分都很圆润，没有一

图8-19 圆明园残址

图8-20 沧浪亭园门

图8-21 拙政园远香堂

个险峰，基本上都是挖湖堆土为山，这是平地造园工程最大的一个具体表现。圆明园的水主要是引用玉泉山之水，水占全园的二分之一以上，故有水景园之称。水有大水面、中水面、小水面3种相结合。大水面以“福海”为代表，约计600平方米，中、小水面有“后湖”，约200平方米，河道将水系连接起来。

圆明园的建筑布局采取大分散、小集中的方式，以建筑群组为中心，结合地貌环境而构成风景。其中的小园为园中之园，用墙相隔，各园自成一体，建筑组群是由许多亭、台、楼、阁组合成一体的建筑。无论是从平面来看，还是从外观来看，圆明园的建筑都有丰富的变化。

圆明园以水为主体，平地造园，工程浩大，建筑类型多，还有西洋建筑风格，成组成群的风景点，园中还有小园，故被人称为“万园之园”。

1860年10月6日英法联军占领圆明园，侵略者用了半个月抢劫园内的文物与珍宝，然后放火焚烧。1900年，八国联军入侵北京，园内残存的建筑再次遭到官僚、地痞、奸商和军阀的破坏，一代名园圆明园逐渐沦为一片废墟。

4. 苏州四大名园

（1）沧浪亭

沧浪亭是现存苏州园林中历史最为悠久的一个。原为五代时吴越（公元907—978年）广陵王钱璙的池馆，后荒废。宋庆历四年（公元1044年），诗人苏舜钦购得整修，并修一亭，名为“沧浪”，并作记，园名大噪。元明时荒废作佛庵，清同治十二年（公元1873年）重建。现有面积16亩，为苏州四大名园之一。园门北向而开，园外景色因水而起，前有一道石桥，一湾池水由西向东，环园南去，清晨夕暮，烟水弥漫，极富山岛水乡诗意。园内以土石山为主，建筑环山而建，通过漏窗，花墙与园外水面沟通。整体风格古朴自然，装饰丰富多彩。

（2）拙政园

位于苏州的拙政园始建于1513年，历经明、清两代的建设，全园占地5.2万平方米，共分东、中、西3部分，其中部基本保留明代风貌，也是全园精华所在。拙政园的第一位主人、明代御史王献臣归隐苏州后，追求“逍遥自在，享闲居之乐”的生活，以晋代潘岳《闲居赋》诗句“灌园鬻蔬，此亦拙者之为政也”之意取园名为拙政园，借凡人所做浇花卖菜的事来喻主人做官不得志和清高的心境。

拙政园中部以自然式布局为主，北岛南院，水系平面呈“P”形，两条东西向长长的水面延展了景观空间。主景建筑“远香堂”的立意取自荷花出淤泥而不染的品格。与远香堂隔水相望的“雪香云蔚亭”以雪香喻梅花，点出其周边梅花盛开的景观。“待霜亭”取意唐代韦应物诗句“洞庭须待满林霜”。洞庭产橘，霜降始红，“待霜”点出了此处有橘树。“梧竹幽居”则点出梧桐、竹子形成的环境。“小飞虹”是一廊桥，其造型似彩虹，故名。“香洲”为一临水船形建筑，然香洲之名另有深刻含义，香洲即芳洲，屈原在《楚辞·九歌》中有“采芳洲兮杜若，将以遗兮下女”句，是说自己在芳洲上采了香草准备献给湘夫人，但湘夫人不能如期而至，只好将香草送给侍女，暗示自己的忠心不被理解和接受。这里建筑隐喻芳洲，荷花代表杜若，表达了园主人不为人所知的苦闷心情。“荷风四面亭”

位于水系交汇之处，为荷花所围而名。“枇杷园”则取“摘尽枇杷一身金”的意境，其云墙巧妙界定了园林空间，而云墙上的月洞门又成为联系园内外空间的节点。

拙政园西部水系周围环以假山和建筑。位于中西部园墙交界处土山上的“宜两亭”，立意来自白居易因与友人为邻，隔墙共享柳树报春的故事，“绿杨宜作两家春”。“与谁同坐轩”为扇面亭，其立意源自宋代文人苏轼的诗句“与谁同坐？明月、清风、我”，反映了园主人的清高和孤寂。“三十六鸳鸯馆”为两面临水建筑，是西部主景，馆名点出水池有鸳鸯成对在水中嬉戏的意境。

（3）留园

苏州留园始建于明万历二十一年（1593年），时人称东园。1953年经整修后的留园对外开放，占地面积约3万平方米。“留园”取意于优美的园林风光幸免于战乱，这里“泉石之胜，华木之美，亭榭之幽深”给人留下深刻印象。

留园分东、中、西3部分：东部以建筑庭院为特色，其间置名石供人品味、欣赏；中部以假山建筑围绕水池布置；西部则以山林野趣见长。令人感兴趣的是，从园外街道进入留园需在住宅与祠堂之间穿越长达50余米的夹道，造园师巧妙应用曲折、虚实、开合的艺术手法，将这一引导性空间处理得妙趣横生，使游人不知不觉地进入园中。

留园中部山水构架的特点是西北山、东南水。水池中布一岛二桥加以分隔，从而形成起于东南入口通达西北迭水口的长长的视景线，小岛取名“蓬莱”。中部主体建筑为明瑟楼与涵碧山房，“明瑟”意指水木形成的环境清新宜人，“涵碧”点出临水环境。“可亭”谐音“可停”，即可以停下来欣赏景物。

图8-22 拙政园三十六鸳鸯馆北厅内景

图8-23 留园冠云楼西侧回廊

图8-24 留园明瑟楼

中部东北角的读书处名“汲古得绠处”，取意唐代韩愈诗“汲古得修绠”，意指钻研学问必须有恒心，下功夫找到一条线索，才能学到真本事。

留园东部主体建筑为五峰仙馆，以图案装饰的门窗，框出了以太湖石掇山，象征庐山五老峰的优美景色。独立置于园中供人品味的冠云峰，以其高峻的形态而得名。

留园西部为北山南溪的布局，以建筑“活泼泼地”立于溪流北端，点出这里鸢飞鱼跃、天机活泼的意境。

（4）狮子林

苏州北寺塔路路北就是拙政园，拙政园之南即狮子林。狮子林是苏州的名园之一。

狮子林是元代至正二年（公元1342年）天如禅师为其师中峰大师所建的，名曰“菩提正寺”，后来改为狮子寺。现存园林均是新中国成立后重新修整而来的。全园近似方形，东南角多山，西北角以池为主，其间有长廊回绕、峰峦曲折。

全园景点以假山为主，假山出自倪云林一人之手。假山用太湖石垒成，石峰林立、玲珑俊秀。入洞之时幽深曲折、处处灵空，如同进入迷宫，狮子林主要以峰壑曲折取胜。

入园之后，主建筑有燕誉堂，为全园的主厅，自前廊西侧通达立雪堂，然后再从西侧进入山洞，同时也能进入

图8-25 狮子林的假山

图8-26 狮子林扇子亭

卧云堂、小方门、后门，自此也可以登上假山。

此外还有竹园、五松园、见山楼、荷花厅、真趣亭，个个做得淡雅大方，富于变化。从这里面向东进入，为扇子亭、文天祥诗碑和御碑亭，亭以东为长廊、水池、修竹园，由此入洞可以进入卧云室，四面有假山。

园林的漏窗、洞窗、洞门匠心独运，充满雅趣；峰壑曲折、幽静，营造出一种峰回路转的意境。

苏州狮子林中的水池在西北部，北边大池直通南小池，中间两座桥，一座为九曲桥，桥之中心建六角形观瀑亭；另一座为平桥，桥上建四柱亭。亭台楼阁以及长廊都布置在园子的四周，把水池及假山全部包在中间，这是狮子林在总体布局方面的一大特征。

第九章 撒在中国大地的明珠——民居建筑

第一节 民居建筑概述

民居建筑是中国古代文化的重要组成部分，从新石器后期萌芽至今已有七八千年的历史。早期民居与帝王宫殿并无本质区别，在先秦时代“帝居”“民舍”都称为“宫室”，随着等级制度的强化和经济、技术条件的改善，宫殿渐渐分离成为一个独立的体系，民居则专指宫殿和官署以外的居住建筑。

图9-1 河南巩义市下沉式窑洞民居

图9-2 西藏穷结朗色林住宅

中国幅员辽阔，历史悠久，民居形制丰富多彩。在气候、环境及地域文化的影响下，不同地区的民居有着不同的特点。

民居的艺术价值主要在于“意”，而不在于“形”，其结构虽然简单，其意蕴却十分丰富。与生活息息相关的民居以真实的情感与使用的功能，不断创新，传达出复杂、细致、深厚、具体的氛围意境。

民居的外观因其所在地区不同的气候、地形地貌等自然因素和民族、社会、经济等人文因素，显示出异彩纷呈、独具特色的外观。

“四合院”是北方合院式民居的典型代表，数量多，分布广，为汉族、满族、白族等使用。这种民居在南北向的主轴线上建正厅正房，左右布置厢房，形成东西向次轴线，根据需要沿轴线可形成多进院落。用色上除贵族府第，一般用灰瓦，青绿彩绘或红、黑装饰，装饰上仅在大门，影壁和墀头上有少量砖雕，总体上朴素简洁，与皇宫祠庙形成对照。

在属于黄土高原的晋、陕、豫等地区，窑洞式建筑十分普遍。从形式上看，窑洞分两种，一种是利用黄土崖壁，横向打洞，常数洞相连，甚至分上下层；另一种则是在黄土地顶向下挖掘出矩形深坑，坑边有各式阶梯可以通至地面，在坑壁上再四面开辟窑洞，称作地坑窑。在券门口有砖砌门脸，并有花饰，起保护和装饰作用。

藏式民居主要分布在西藏、青海、甘肃、四川西部。因其用土或石砌筑，形似碉堡，外人称为碉房，一般为两三层，底层养牲畜，上面住人。外墙下宽上窄，有明显收分，朝南卧室常开大房，外观朴素和谐。

蒙古族以游牧生活为主，所以其房屋必须能方便地迁移，因此多建用木条编成骨架、外包羊毡以遮蔽的毡帐，俗称蒙古包。使用毡帐的民族还有藏族和裕固族等，外观多为圆形，也有部分为方形。

干栏式民居主要分布在中国西南地区，如傣族、景颇族、壮族等聚居地。干栏是用竹、木等构成的楼居，是单

图9-3 蒙古包

图9-4 云南景洪傣族民居竹楼

图9-5 乔家大院

图9-6 乔家大院的雕刻艺术

图9-7 乔家二号院中的喜堂

栋独立的楼，底层架空，用来饲养牲畜或存放东西，上层居人。这种建筑隔潮，并能防止虫、蛇、野兽的侵扰。

民居不同于官式建筑，其细部和装饰往往不拘一格，因地制宜，变化丰富，装饰题材和造型也具有多样性，总体色彩虽不华丽，但石雕、木雕、砖雕却十分精美，堪称一绝。

第二节 民居建筑实例

1. 山西祁县乔家大院

乔家大院又名在中堂，位于山西祁县乔家堡村，北距太原54千米，是清代著名商业金融资本家乔致庸的宅第。大院始建于清乾隆二十年（公元1755年），以后约在清同治年间，由乔致庸主持了第一次扩建；光绪中、晚期，由乔景仪、乔景俨进行了第二次扩建；在民国十年左右，由乔映霞、乔映奎分别完成了最后一次增修。从始建到最后建成现在的格局，历经近两个世纪，虽然时间跨度很大，但扩建和增修都能按原先的构思进行，使整个大院风格一致，浑然一体。

整个大院占地10642平方米，建筑面积4175平方米，分6个大院，内套20进小院，313间房屋。大院从外面看，威严高大，整齐端庄；进院里看，富丽堂皇，井然有序，显示了我国北方封建大家庭的居住格调。

从高空俯视乔家大院院落布局，很似一个象征大吉大利的双“喜”字。大院形如城堡，三面临街，四周全是封闭式砖墙，高三丈有余，上边有掩身女儿墙和瞭望探口，既安全牢固，又显得威严气派，其设计之精巧，工艺之精细，充分体现了我国清代居民建筑的独特风格。

大院还有更迷人之处，那就是随处可见的精致的板绘和巧夺天工的木雕艺术。据统计，全院有木雕艺术品300余件。每个院的正门上都雕有各种不同的人物。如一院正门为滚檩门楼，有垂柱麻叶，垂柱上月梁斗子、卡风云子、13个头的旱斗子，当中有柱头子、角斗子、混斗子，还有9只乌鸦，可称一等的好工艺。二进门和一门一样，为菊花卡口，窗上有旱纹，中间为草龙旋板。三门的木雕卡口为葡萄百子图。二院正门木雕有八骏马及福禄寿三星图，又叫三星高照图。二院二进门木雕有花博古和财神喜神。

乔家大院中的石雕工艺虽然比较少见，却是十分精细。

现有的几对石狮形态各异，憨态可掬，有的石狮为踱步前行状，刀纹如新，锋芒犹在，其顾盼自豪的头部，提起全身的神气，表现狮子的雄壮、英武而不失真，给人以健康、活跃，富有生命力的感觉。还有阴文线刻，如五院门蹲石狮底座为“金狮白象”，中为“马上封猴（侯）”“燕山教子”“辈辈封侯”。南房柱石底垫为“渔樵耕读”“麻姑献寿”等。这些线刻图像清晰，线条流畅，形象逼真。

另外，整个大院所有房间的屋檐下部都有真金彩绘，内容以人物故事为主，除“燕山教子”“麻姑献寿”“满床笏”“渔樵耕读”外，还有花草虫鸟，以及铁道、火车、车站、钟表等多种多样的图案。所用金箔纯度很高，虽经长期风吹日晒，至今仍是光彩熠熠。沥粉工艺十分细致，须一层干后再上一层，这样层层堆制，直到把一件饰物逼真的浮雕制成为止，最后涂金。

2. 徽州民居

徽州地区保存有一批质量精良的明代住宅，因布局紧凑、装修精美，用材考究，被视为中国古代民居的珍品。其特点是粉墙、黛瓦、硬山顶、马头墙。

徽州民居常选址在池塘边，与水面紧密结合，屋影倒映水中，更增加朴实、优雅之气。建筑多为两层楼组成矩形的封闭式三合院、四合院，并有许多灵活变化。正房朝南，多为3间，明间为客厅，两暗间为卧房，楼上为祖堂。两边厢房进深较小，供居住，大门一般位于正面中间。

建筑外观以高大的粉墙封闭，正立面为对称式构图。侧面用阶梯式或弓形的封火山墙（马头墙），墙脊为长条状，或长或短，端部昂起。根据需要在粉墙上适当的位置开门窗，构成丰富的立面。正立面只在入口处贴附门罩或门楼，饰以精雕细刻、仿木构件的装饰。民居由单体组合，构成街区、村落。高低错落的形体，丰富的山墙变化，灰瓦白墙的对比等，都使民居充满诗情画意。

安徽黟县际聊乡宏村月塘明清民居是徽州民居的典型代表，为历史最悠久的村落之一。

安徽黟县西递村民居文化历史悠久，民居有皖南特色。高低错落的建筑形体组合、丰富多变的屋面和山墙、灰瓦白墙的色彩对比以及开敞的挑楼和严谨的大门等重点装饰手法，使建筑与环境紧密结合，创造出典雅、朴实的皖南建筑风格。

木雕是安徽民居极具表现力的装饰手法。在长期的实践过程中，积累了丰富的题材和娴熟高超的技巧，在民居雕饰中独树一帜，被誉为“徽雕”。

3. 吊脚楼

中国贵州省的东南部地区的地理气候特点是“地无三尺平，天无三日晴”，高高低低的山峦一个接一个，农民的生产和生活都离不了山，有的梯田从田脚一直延至山顶。气候潮湿而炎热，尤其在夏季，晴雨无常，山脚还是大晴天，登至山顶却倾盆大雨，变化很快，当地百姓就在这样的环境下创造了适宜自己生活的房屋。房屋用当地盛产的杉木建造，依着自然的山势，把柱子架在高低不同的山坡

图9-8 徽州民居的马头墙

图9-9 安徽黟县际聊乡宏村月塘明清民居

图9-10 安徽黟县西递村民居

图9-11 徽州民居某宅窗板木雕

图9-12 西递村胡宅前楼

图9-13 吊脚楼

图9-14 侗族吊脚楼

图9-15 福建永定下洋镇圆形土楼

上，建造起两层楼的住宅。楼的上层住人，下层多架空而不作外墙，在里面圈养牛、猪等牲畜，堆放农具与杂物。楼的上层用木板隔成客堂、卧室，并向四周伸出挑廊，主人在廊里做活和休息。这些挑廊都依靠楼层上伸出的横梁承托，这样可以使廊柱不落至地面而悬吊在半空中，以便人与牲畜在廊下通行，当地把这种楼房称为吊脚楼。吊脚楼也大量出现在四川、湖北、云南等气候潮湿的山区，其优点是人住在楼上通风防潮，又能防止山上野兽的袭击。

吊脚楼也因为各民族生活习惯上的差异而在形式上小有不同。在侗族聚集的村落，家家户户的吊脚楼上客堂内都有一个火塘，是全家聚会的中心，在村里还有一处全村村民聚会的中心，这就是鼓楼。鼓楼的形式像一座檐式的佛塔，平面呈方形或者六角形、八角形，底层比较宽大，楼的上面是一个空筒，没有楼层，而外面多层屋檐相叠，由下至上有明显的收分，至顶端有一座攒尖的楼顶，楼外连着宽敞的场院。这里是全体村民聚会的中心，楼内悬挂着一面鼓，因此称为鼓楼，有事击鼓为号，召集全体村民。逢年过节，全村百姓在楼里楼外欢聚跳舞，平时村民在楼里聊天休息，鼓楼成了全村生活和文化的中心。工匠在每一层屋檐板上绘制图画，将屋角高高翘起，有的还在楼顶塑造人物雕像，把鼓楼装饰得十分精致，成为侗族村落的标志之一。

4. 福建土楼民居

福建南部永定、龙岩、漳平和漳州一带的农村中，存在着一种土楼房屋。土楼的特点是每一栋土楼体形都很大，而且用夯土墙作为承重结构，平面形式有方形、圆形、五角形、八卦形、半月形等，以方楼和圆楼为主，其中又以圆楼最为奇特。圆楼周围排列着整齐的房屋，有的多达数十间，高达三四层，有时还不止一圈房屋相套，中央围成一个圆形院落。一座大型的圆楼，里面可以容纳几十户人家，供数百人生活。

我们以保存比较完整的一座圆楼——福建永定县承启楼为例，来说明这种大型住宅的状况。承启楼建于清康熙四十八年（1709年），历时3年完工，为客家人江姓氏族所建。圆楼直径达62.6米，里外共分4环，最里面一环是全楼的祖堂，由一座堂厅和半圈围屋组成，面朝南方；第二环有房20间；第三环有房34间；最外环有房60间，并有4间楼梯间，朝南一座大门，与祖堂共处于中轴线上，东、西各有一座旁门。外环共4 层：底层为厨房，二层为谷仓，三、四层为卧房，全楼共有房间300余间。承启楼建成后，江氏族人80多户，共有600余人同时在里面生活。

因族人为安全而聚居，圆楼的安全防御自然是最重要的。首先在楼的外观上看，承启楼外环高达14米，外墙用夯土筑墙，最厚处达1.9米。墙的基础皆用大卵石和块石筑造，自地面以下直砌至地面上常年洪水能达到的高度以上，以确保夯土墙体免遭洪水冲刷。石墙基的做法是用卵石干垒，层层紧压，使外人很难从外面扒开。外墙上很少开窗，只在三、四层上开设枪眼以抵御外敌的侵扰。从楼内看，也有一个很好的防卫体系。在三、四层的外墙上设有窗洞。洞口外面窄，里面宽，既便于对外射击，又减少目标。除射击外还可以向下抛石头、浇开水以攻击接近楼体的敌人。外环的几层楼临院子的一边都设环形的通道，可以随时调动人力，运送物资。楼内有水井数眼，有谷仓藏粮，有牲畜畜养地，所以在敌人的围困时能够坚持数月而不会断水缺粮。此外还有一些特殊的御敌之法，例如出入口的大门是最容易受攻击的薄弱环节，在这里除了用粗石料制作门框，用原木料制造门板，门板包以铁皮，门后顶以木杠之外，又在门的上方特置水槽，当敌人用火攻大门时，可提井水灌入水槽，经水槽裂口流下，在门板前形成一道水幕以克火攻。

在这座圆楼内，没有正房、厢房之分，没有前院、后院之别，几乎所有房间都同样大小。在这里，分不出族人在住屋上的等级高低。他们都朝向一个中心，这就是位于圆楼中央的祖堂。是同宗同族的祖先使他们凝聚在一起，增进了亲和感，维护了共同的安全。这奇异的圆楼，这在外国人眼里被当作是“天上掉下的飞碟”“地下冒出的蘑菇”，在建筑形式和建筑功能上都表现出中国封建社会血缘氏族的结构与心态。

5. 北京四合院

北京四合院是我国北方地区民居的典型代表，因其主要由正房、东西厢房和倒座房从东西南北四个面围合庭院而得名。因北方冬季严寒，为争取最大限度的日晒，其院落一般较为宽敞；为减少受风面，四合院一般均为单层，少有楼房。

四合院的宅门多开在院子的东南角上，门的大小和造型依据主人的身份等级不同而有多种形式，常见的有广亮大门、金柱大门、蛮子门、如意门、窄大门和小门楼等。使用广亮大门的一般应为七品以上官员人家，其门如一间独立的屋子，屋顶较两侧倒座房为高，门扇开在屋脊正下方的中柱上，门两旁梁柱构造外露，门及门旁有各种合乎等级规定的装饰。依照房主地位不同，门的宽度3、5、7间不等，地位较高的，门两侧和门对面还设有影壁。金柱大门与广亮大门大体相同，区别在于金柱大门将门扇设置在中柱与前檐柱之间的金柱上，也是一种非常讲究的大门形式。蛮子门的等级较广亮门和金柱大门略低，其门扇设置在前檐柱上，但门两侧的木结构和装饰依然暴露出来。更低一级的如意门则将除了门扇以外的全部木结构统统用砖墙封上，这是一般百姓最爱用的大门式样。如意门尽管等级较低，但至少还占据一个开间以上，而窄大门连一个开间也占不到，属于更低一个档次。最低档的大门是小门楼，基本上就是在墙上开一个门洞，只是上面专门做了一个屋顶，上面还是有一些主人力所能及的装饰。

进了四合院的大门，并不能马上看到院子的全貌，视线会被一道影壁所阻挡。这道影壁大多为一道独立的墙，较小的四合院也有将东厢房的南墙作为影壁的。影壁不仅可以遮挡外人的视线，还可以烘托建筑气氛，并起到驱除鬼魅的迷信作用。大门两侧的一排坐南朝北的房屋称为倒座房，其中位于东侧的一间一般用于私塾，有一个独立的小院。位于大门西侧的倒座房用作门房和客房。最西端的则为厕

图9-16 承启楼内景

图9-17 承启楼

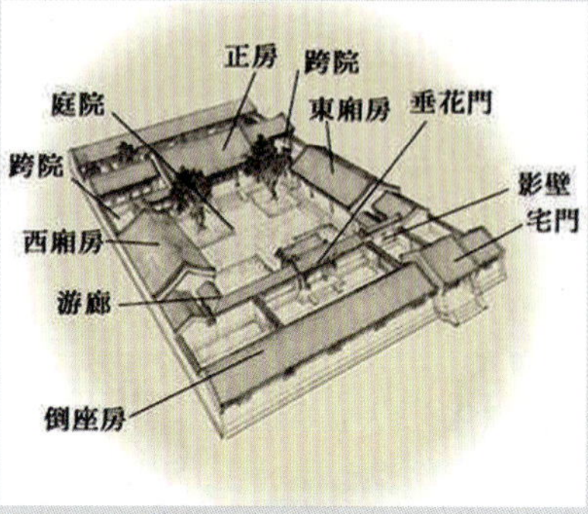

图9-18 四合院的结构

图9-19 北京某宅门对联

图9-20 北京礼士胡同某宅垂花门

图9-21 北京某宅正房堂屋家具陈设

所，古人认为房屋的西南角是五鬼之地，必须用秽物将其镇住。

倒座房所在的院子并不直接与主院相通，两者间还隔着一道颇具特色的中门。这道中门有两层，其中朝外的叫垂花门，因其外檐柱不落地而是垂吊在半空而得名，极富装饰感。垂花门以内还有一道屏门，门扇如屏风，平时关闭，隔绝内外院视线，有贵宾来访或重大事件时打开。两门各有一个屋顶，往往一为人字脊，一为卷棚，前后相连，称为勾连搭。

屏门不开时，进出则经由其两侧的抄手廊。主院的北房为正房，面朝南，前有檐廊，一般为3开间，正中为堂屋，供奉祖先牌位，其东间为祖父母房，西间为父母房，如此布置符合面朝南时左为上的礼仪。正房两侧往往还建有耳房，与正房内部相通，但前墙向后退缩。由于等级规定，一般正房只能有3间，所以只能以耳房的形式暗中扩大房间。正房的前面左右是东西厢房，一般也为3开间，前有檐廊，由儿子居住。厢房与正房由窝角廊相连。在正房的后面一般还有一个狭长的院子和一排房屋，称为后罩房，由女儿和女仆等居住。

上面介绍的是北京四合院的典型布局，实际上四合院有大有小，最大的四合院可有多达10余进的院子组成，俨然就是一座宫殿。但不论规模如何，组成四合院的房屋只向内部开门窗，而外墙一般不开窗或开小高窗，几乎对外隔绝，与内向的封建家长制的传统一脉相承。

图9-22 北京西单某四合院院落

第十章 趋于统一的近现代建筑

第一节 近现代建筑概述

1840年第一次鸦片战争以后，清朝政府的衰败及西方列强的入侵，在中华大地引起了一系列前所未有的大变革，政治、经济、文化在西方思潮的冲击下，经历着新与旧、中与西的激烈博弈。其结果是中国文化步入了一个崭新的时代，与世界文化相互交融，相互影响。

西方近代建筑技术从19世纪中叶逐步传入中国，在之后的近百年，中国建筑处于一种承前启后、新旧交替、中西融合的转型时期。大批之前没有的建筑类型出现了，工厂、车站、银行、医院等，传统的木结构体系已经不适应新时代的要求，西方建筑技术冲击着传统建筑体系，中国古典建筑已逐步淡出历史舞台，欧式建筑之风盛行。

经过一段近乎混乱的建筑转型时期，许多建筑师亦开始反思，又渐而重拾传统建筑的语汇，或理性对待外来建筑体系，形成了既不完全遵循传统，又不照搬西方模式的新局面，而采用西方古典或折中式手法，适当融合中国传统建筑文化元素。主要手法有：一种是沿用传统的建筑形式，而结构和材料采用现代的钢或钢筋混凝土框架结构。20世纪20年代涌现了一批采用此手法修建的建筑，如1926年由吕彦直设计的中山陵。第二种是在功能要求比较复杂的大型楼房中，其平面设计与西方现代建筑相差无几，在主体上加饰的简化中国建筑细部，带有一丝民族风韵，典型的如上海中国银行（1936年）和原国民大会堂（1936年）。

在20世纪20年代还诞生了中国建筑史学科，创立者为梁思成、刘敦桢等，他们的研究为中国建筑历史和建筑理论研究初步奠定了基础。

20世纪30年代的上海已成为一个国际化的大都会，各种新思潮蓬勃发展，各种现代化的建筑风格在上海首先试验。上海外滩有一批完全西化的新建筑，从功能、结构、技术到造型都与西方保持同等水平。特别是上海百老汇大厦式的公寓楼采用钢或钢筋混凝土框架结构，引入电梯、暖气、煤气灯设备，外观造型简洁方整，是中国前所未有的。北京也出现了北京大学女子宿舍、清华大学一批教学楼等新形式的建筑。

在借鉴国外先进文化与工程技术的同时，这时期的建筑师也更多地考虑了中西方建筑文化的结合，突出“中国固有形式”的原则。博物馆、学校、医院、体育场、图书馆和公园以及各类纪念性建筑物的出现丰富了文化建筑的内容。一批从国外留学回来的建筑师同外国建筑师一道投身于这场探索潮流，创造出以南京中山陵、南京中央博物馆、上海市政府、上海图书馆、上海江湾体育场、广州中心纪念堂、北京图书馆、燕京大学等一大批具有民族建筑风格特点的优秀作品。

中华人民共和国成立以后，人们以昂扬的斗志投身于新中国的建设大潮中，大规模的有计划的国民经济建筑，推动了建筑的发展，诞生了一批优秀的新建筑，实现了前所未有的突破。这一时期新中国的建筑主要采用大屋顶为特征的复古式风格和国庆10周年公共庆典建筑为代表的社会主义新建筑风格，特别是新中国成立10周年庆典建筑，宏伟大气且极具民族特色，包括人民大会堂、中国革命博物馆、中国历史博物馆（中国革命博物馆和中国历史博物馆于2003年合并为中国国家博物馆）、民族文化宫、中国美术馆等一批优秀建筑作品。

1978年以后，中国走向开放，外来文化大量涌入，再一次激发了中国人的创作灵感。建筑发展迎来了百花争妍的新时代。1982年建筑大师贝聿铭设计的香山饭店，在现代使用功能和结构基础上，竭力体现传统建筑和园林艺术风貌，引发了对中国现代建筑创作的新潮流。

新时期建筑创作的特点是题材丰富，技术先进，思想

图10-1 上海百老汇大厦

图10-2 上海中国银行

图10-3 清华大学大礼堂

图10-4 上海江湾体育场

活跃，充满创新精神。建筑师更自觉地以不同方式表达对中国传统建筑文化精华的热爱，并灵活运用于新的创造中，特别注意吸取地域文化的特殊风貌。注重传统文化和地方特点的并加以发扬光大，是当代建筑的一个特点。结合各民族、各地区的传统，实现继承与创新的结合，体现建筑上的时代性、民族性和地方性，以及中国传统文化的精神。另外在环境危机日益严重的今天，人与环境的关系问题逐渐为设计师所重视。在设计中，建筑师们因地制宜，尊重地方特色，将地形、环境等因素引入建筑，让建筑更适应环境。在保证功能的前提下，采用不同的体形及立面色彩、装饰、造型以提高建筑的识别性。

港、澳、台的建筑是中国当代建筑的有机组成部分，以新的建筑技术创造高层、超高层建筑，有效解决了现代都市土地紧张、人口膨胀的问题。在这方面，寸土寸金的香港堪称典范。林立的高楼同样具有鲜明的特点。著名的建筑有香港中银大厦（1989年）、香港中环广场（1992年）、香港金融中心二期（2003年）等。澳门的塔石卫生中心（1991年）坐落在荷兰园正街百年历史的文物建筑当中，其外貌是根据周围文物建筑的风格来设计的，既有现代设计的特点，又不仿古，通过前立面左右两组的高矮拱门来与其相邻的文物建筑相呼应，形成浑然一体的感觉。中国台湾的101大厦（509.2米，2005年）在迪拜塔建成之前，其高度为世界第一，创下了当时多项建筑技术的记录，体现了台湾在营建超高层建筑上的高超技术和管理能力。

在当代建筑设计中，国际主义风格和后现代主义风格全方位地影响到中国，其变革是不可逆转的，而中国建筑也越来越国际化，趋向于统一，其间的代表建筑有近几年落成的北京3大建筑：国家体育场（鸟巢）、国家游泳中心（水立方）和国家大剧院。作为超高层建筑的代表，上海的金茂大厦（1999年，420米）、深圳地王大厦（383米，1995年）、广州中信广场（391米，1996年）、上海环球金融中心（492米，2008年）及2008年动工兴建的上海中心（632米），无疑是当中的佼佼者。

第二节 近现代建筑实例

1. 汇丰银行

该楼原是英商汇丰银行的办公楼，曾被当时的英国人称为“苏伊士运河到远东白令海峡间最华贵的建筑”，也是上海外滩西洋建筑群中较为突出的作品。

汇丰银行是英国在华最大的金融机构，1864年创办于香港。1865年，汇丰银行在上海设分行。1874年建造了一幢3层楼的英式建筑作为行址。1921年，汇丰银行重建，占地面积大大增加。抗日战争期间，该楼被日本横滨正金银行占用，现大楼为上海浦东发展银行。

整幢大楼古朴、典雅，平面呈方形，楼高5层，2~4层有6根罗马科林斯式立柱，五楼中间有半圆形希腊式穹顶，高2层。

大楼最有特色的是高近20米的穹顶大厅，上层四周呈八角形，每个方向及穹顶均有彩色马赛克镶嵌组成的大型壁画，内容分别是汇丰银行设在上海、香港、伦敦、巴黎、纽约、东京、曼谷、加尔各答8个城市分行的建筑。穹顶壁画的内容是希腊神话中巨大的太阳和月亮，并有太阳神、谷物神、月神相伴左右。外圈的12个星座分别对准穹顶下的8幅壁画。壁画五彩缤纷，雄伟亮丽，令人叹为观止。

2. 中山陵

中山陵是中国近代革命家孙中山的陵墓，位于南京紫金山南麓，1926始建，1929年建成。整个陵园面积有3000万平方米，主要建筑占地8万平方米。

中山陵的设计者为中国近代著名建筑师吕彦直（1894—1929）。他设计中山陵时只有31岁，还荣获过广州中山纪念堂设计竞赛的首奖。1929年，在中山纪念堂还在施工的时候，他就过早去世了，年仅35岁。

中山陵坐北朝南，傍山而筑，由南往北沿中轴线逐渐升高，依次为广场、石坊、墓道、陵门、碑亭、祭堂、墓室。整个墓区平面形如大钟，钟的顶为山下半月形广场，广场南端的鼎台（现改为中山先生的立像）为大钟的钟钮，钟锤就是半球形的墓室。“鼎”在古代是权力的象征，因此整个大钟有“唤起民众，以建民国”之意。

墓道南端的三门石牌坊上刻中山先生手书“博爱”二字，点出了孙中山先生博大的胸怀和崇高的理想。石坊前广场南端孙中山的立像英姿勃勃，摆动的手势好像正在发表关系国家命运的演说。石坊后是长375米、宽40米的墓道。前行为陵门，它以青色的琉璃瓦为顶，门额上为孙中山的手迹“天下为公”4个大字。这里用青色的琉璃瓦有一定的含义，青色象征苍天，青色琉璃瓦乃含天下为公之意，以此来显示孙中山先生为国为民的博大胸怀。再进为亭，一块高约6米的碑石上刻着“中华民国十八年六月一日中国国民党葬总理孙先生于此”的鎏金大字。过碑亭即为陡峭的石阶，石阶共分8段共392级，从而让人们体会出“革命尚未成功，同志仍需努力”的深意。

最高的平台有华表两座，后为祭堂。华表乃为柱状标识物，表示祭堂即在此。祭堂有3个拱门，分为“民族”“民

图10-5 人民英雄纪念碑

图10-6 中国历史博物馆

图10-7 香港中银大厦

图10-8 台北101大厦

图10-9 澳门塔石卫生中心

图10-10 上海汇丰银行

图10-11 江苏南京中山陵

图10-12 中山陵祭坛内

图10-13 人民大会堂（外景）

权”“民生”门额。“民生”门上有孙中山手书“天地正气”直额，表达了孙中山先生奋斗的理想。祭堂的正中，为孙中山先生的汉白玉坐像，此像为国外雕塑名家保罗·兰德斯1930年在巴黎雕刻的。坐像的基座四周雕刻着孙中山先生的革命业绩，祭堂四壁的黑色大理石墙上刻有孙中山亲笔及胡汉民等人书写的文字，昭示了孙中山先生为推翻两千多年的封建帝制的不朽勋业和艰苦斗争的历程。祭堂吸取中国古典建筑手法，应用新材料、新技术，墙身全部用石料砌成，运用蓝白两色为主的淳朴色调装饰细部。建筑本身基本上采取严谨的比例，在体型组合、色彩运用、材料表现和细部处理上表达了肃穆宁静的气度和逝者永垂不朽的精神。

祭堂之后有一个铜门，横额上书“浩气长存”4个大字，亦是孙中山先生的手笔。门内即为钟形墓室，其中央有一直径4米、深5米的圆形大理石圆穴。孙中山的汉白玉灵柩及卧像即安放在圆穴中。此像系捷克雕刻家高棋按遗体形象塑造，十分逼真。

中山陵的建筑风格中西合璧，钟山的雄伟形势与各个牌坊、陵门、碑亭、祭堂和墓室，通过大片绿地和宽广的通天台阶，连成一个大的整体，显得十分庄严雄伟，既有深刻的含义，又有宏伟的气势，设计非常成功，被誉为“中国近代建筑史上的第一陵”。

3. 人民大会堂

人民大会堂位于北京市中心天安门广场西侧，西长安街南侧。

人民大会堂是中华人民共和国成立10周年首都十大建筑之一，完全由中国工程技术人员自行设计施工。1958年10月动工，1959年8月建成，仅用10个多月的时间。创造了中国建筑史上的一大奇迹。

人民大会堂初建时称“万人礼堂”。1959年9月24日落成后，时任总理周恩来邀请一批专家进行参观视察，请大家起个名字。著名的桥梁专家茅以升在纸上写下“人民大会堂”几个字，后来“万人礼堂”被定为“人民大会堂”。

人民大会堂坐西朝东，南北长336米，东西宽206米，高46.5米，占地面积15万平方米，建筑面积17.18万平方米。人民大会堂壮观巍峨，建筑平面呈“山”字形，两翼略低，中部稍高，四面开门。外表为浅黄色花岗岩，上有黄绿相间的琉璃瓦屋檐，下有5米高的花岗岩基座，周围环列有134根高大的圆形廊柱。人民大会堂正门面对天安门广场，正门门额上镶嵌着中华人民共和国国徽，正门迎

图10-14 人民大会堂（内景）

图10-15 香山饭店外景

图10-16 香山饭店常春四合院

面有12根浅灰色大理石门柱，正门柱直径2米，高25米。四面门前有5米高的花岗岩台阶。人民大会堂整个建筑采取了对称式的布局，风格庄严雄伟、壮丽典雅、气势恢宏，富有民族特色。在柱廊、屋檐和台基色彩上运用简洁的处理手法。平顶琉璃檐头，保留着中国建筑的风格。内部设施齐全，有声、光、温控制和自动消防报警、灭火等现代化设施。人民大会堂建筑主要由3部分组成：进门便是简洁典雅的中央大厅（门厅不设座位）。厅后是宽达76米、深60米的万人大会堂；大会场北翼是有5000个席位的大宴会厅；南翼是全国人大常务委员会办公楼。大会堂内还有以全国各省、市、自治区名称命名的、富有地方特色的厅堂。

4. 香山饭店

位于北京西郊香山公园内的香山饭店，建于1982年，由美国著名的贝聿铭建筑师事务所设计。

整座建筑凭借山势，高低错落，蜿蜒曲折，院落相间。建筑物本身大面积采用白色粉刷，特征极为鲜明，建筑的立面是城堡式的。香山饭店吸收了中国园林建筑的特点，对轴线、空间序列及庭院的处理规整中略带轻巧，院落式的建筑布局既有江南园林精巧的特点，又有北方园林开阔的空间，其中山石、湖水、花草、树木与白墙灰瓦式的主体建筑相映成趣。香山饭店于1984年获美国建筑学会荣誉奖。

5. 国家体育场

国家体育场位于北京奥林匹克公园中心区南部，为2008年第29届夏季奥林匹克运动会的主体育场。工程总占地面积21万平方米，建筑面积25.8万平方米。场内观众座席约为91000个，其中临时座席约11000个。

“鸟巢”地势略微隆起，如同巨大的容器。高低起伏的波动的基座缓和了容器的体量，而且给了它戏剧化的弧形外观。体育场的外观就是纯粹的结构，立面与结构是同一的。各个结构元素之间相互支撑，汇聚成网格状——就如同一个由树枝编织成的鸟巢。为了使屋顶防水，体育场结构间的空隙用透光膜填充。由于所有的设施——餐厅、客房、商店和卫生间都是独自控制的单元，建筑外立面的整体封闭因而是非常不必要的，使得体育场有自然通风，这是体育场环保设计的最重要方面。在满足奥运会体育场所有的功能和技术要求的同时，设计上并没有被那些类同的过于强调建筑技术化的大跨度结构和数码屏幕所主宰。体育场的空间效果新颖激进，但又简洁古朴。

基座与体育场的几何体合二为一，如同树根与树。平缓的网格状石板步道延续了体育场的结构肌理。步道之间的空间是体育场的服务设施：下沉的花园，石材铺装的广场，竹林、矿质般的山地景观，以及通向基座内部的开口。从城市的地面上缓缓隆起，几乎在不易察觉中形成了体育场的基座。体育场的入口处地面略微升高，因此，可以浏览到整个奥林匹克公园建筑群的全景。

体育场无论远眺还是近观，都给人留下与众不同的、不可磨灭的印象。体育场内部，均匀的碗状结构形体巧妙调动观众的兴奋情绪，并使运动员超水平发挥；座席的干扰被控制到最小；声学吊顶将结构遮掩使得观众和场地上的活动成为注意焦点。

6. 国家游泳中心

国家游泳中心“水立方”位于奥林匹克公园B区西侧，和国家体育场“鸟巢”隔马路遥相呼应，建设规模约8万平方米，最引人注意

图10-17 国家体育场

图10-18 国家游泳中心

的就是外围形似水泡的ETFE膜（乙烯–4氟乙烯共聚物）。ETFE膜是一种透明膜，能为场馆内带来更多的自然光，他的内部是一个多层楼建筑，对称排列的大看台视野开阔，馆内乳白色的建筑与碧蓝的水池相映成趣。

国家游泳中心的设计方案，是经全球设计竞赛产生的“水的立方”（$[H_2O]^3$）方案。该方案由中国建筑工程总公司、澳大利亚PTW建筑师事务所、ARUP澳大利亚有限公司联合设计。其中中方设计者是中建国际（深圳）设计顾问有限公司总裁、总建筑师赵小钧，总工程师毛红卫；PTW建筑事务所的两名主设计师为约翰·保林（John Pauline）与托比·王（Toby Wong）。

设计体现出$[H_2O]^3$（“水立方”）的设计理念，融建筑设计与结构设计于一体，设计新颖，结构独特，与国家体育场比较协调，功能上完全满足2008年北京奥运会赛事要求，而且易于赛后商业化运营。

这个看似简单的“方盒子”是以中国传统文化和现代科技共同“搭建”而成的。中国人认为，没有规矩不成方圆，按照制定出来的规矩做事，就可以获得整体的和谐统一。在中国传统文化中，“天圆地方”的设计思想催生了“水立方”，它与圆形的“鸟巢”——国家体育场相互呼应，相得益彰。方形是中国古代城市建筑最基本的形态，它体现的是中国文化中以纲常伦理为代表的社会生活规则。而这个“方盒子”又能够很好地体现国家游泳中心的多功能要求，从而实现了传统文化与建筑功能的完美结合。

在中国文化里，水是一种重要的自然元素，并能激发人们欢乐的情绪。考虑到国家游泳中心赛后将成为北京最大的水上乐园，所以设计者针对各个年龄层次的人，探寻水可以提供的各种娱乐方式，开发出水的各种不同用途，他们将这种设计理念称作“水立方”。希望它能激发人们的灵感和热情，丰富人们的生活，并为人们提供一个记忆的载体。

为达此目的，设计者将水的概念深化，不仅利用水的装饰作用，还利用其独特的微观结构。基于“泡沫”理论的设计灵感，设计者为“方盒子”包裹上了一层建筑外皮，上面布满了酷似水分子结构的几何形状，表面覆盖的ETFE膜又赋予了建筑冰晶状的外貌，使其具有独特的视觉效果和感受，轮廓和外观变得柔和，水的神韵在建筑中得到了完美的体现。合理组织自然通风，循环水系统的合理开发，高科技建筑材料的广泛应用，都共同为国家游泳中心增添了更多的时代气息。泳池也应用了许多创新设计，如把室外空气引入池水表面，带孔的终点池岸，视觉和声音出发信号等。

中外建筑史.外国篇

第一章 史前建筑

第一节 史前建筑概述

人类自诞生之日起，一个不可避免的需求便是不停寻找栖身之处，以遮风避雨，减少虫兽侵扰。由于智力所限，原始人类基本上选择天然形成的能满足自身安全的洞穴作为居所，即穴居；湿热地域的人们则更多选择栖居在大树上，即巢居。这种自然形成的“原始建筑”在世界各地均不约而同地呈现在漫长而又艰难的人类蒙昧时代。法国的拉斯科洞窟和西班牙的阿尔塔米拉洞窟是十分著名的穴居实例，而引人注目的是其内部绘制十分生动传神的洞窟壁画，大多数内容都与原始人狩猎生活相关，从一个侧面说明了人类建筑的审美需求；洞穴中不同的功能区分，也反映了初步的“规划”意识。

当然这些洞穴还不能称为严格意义上的建筑，当人们开始有意识地改造或自己修建栖身之所时，建筑才算是真正起源。旧石器时代晚期，人们开始自己挖掘洞穴，掘地为坑，上覆树枝茅草作为顶棚，大大提高了原始人的环境适应性。随着智力和生产力水平的提高，到了新石器时代，人们更多地使用工具和相关建筑材料来营建自己的住所。随着生产方式的变迁——由游猎到原始农业，人们开始定居下来，住所也越来越坚固，建筑形式也从“地穴”式逐步向地上发展。“半穴居”是个过渡，一半是挖掘的地穴，一半是在地面构筑简单的墙体和屋顶，从而发展至地面建筑。人类定居下来后，建筑也呈群体化，形成了村落的雏形，进而发展成原始社会晚期的城市雏形。这些进程缓慢而漫长的过程，是人类建筑史必要的幼年阶段，虽简陋但很重要。因年代久远，加之技术落后，建筑材料的局限，史前建筑基本不复存在。但尚有一些遗址，如法国阿尔塞斯竖穴遗址，是迄今发现最早的欧洲人类居所之一，从中可窥见建筑的源头。

在石器时代，由于人类的蒙昧，对一些自然和社会现象无法进行合理解释，遂产生了对自然的

图1-1 法国拉斯科洞窟

图1-2 西班牙阿尔塔米拉岩画洞穴

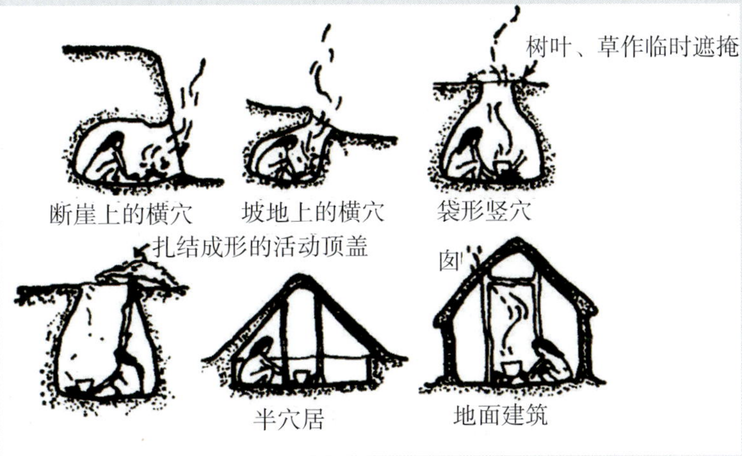

图1-3 穴居的演变

崇拜，即原始宗教，这应该是欧洲诸多神秘的史前巨石建筑存在的理由之一。这种被称为“巨石结构”“巨石阵”的巨大石块和石群，在欧洲各地均有发现，数量还不少。其中以英国索尔兹伯里平原上的斯通亨奇巨石阵和法国布列塔尼半岛的卡纳克石阵最为人熟知。巨石阵以宏伟的环形结构、宗教的庄严肃穆和悲剧性的壮美而引人注目，其高超的建筑技术也令人惊叹。

第二节 史前建筑实例

索尔兹伯里平原上的斯通亨奇石阵是史前建筑的代表。

斯通亨奇环状列石阵位于英国索尔兹伯里城以北约11千米处。属于巨石建筑中的环状列石类型，代表着巨石建筑的最高水平，大约建造于公元前2500～公元前1500年，这时当地古代民族正处于新石器时代末期至青铜器时代中期。

此处最早的列石工程是在平原上挖筑直径达87.8米的环形壕沟，沟旁建土墙，壕沟范围内挖56个深1米的圆坑，并在东北出入口外竖一高4.9米、重35吨的标石。第二阶段的工程约于数百年后，在原来的壕沟范围内构筑两圈同心环状列石，共用巨石82块，每块重约6吨，均取自200千米外的普里塞利山。最后阶段的工程为废弃以前的两圈列石，而另外构筑规模更大的石垣。石料采自30千米外的马尔伯勒山，现存的巨石建筑主要由它组成。其石环直径30.4米，在30块立石上架横石，形成栅栏般的石圈。圈内还竖有5个门框形的“三石塔”，其中最大一块立石高9.1米，重逾50吨，是巨石建筑中最宏伟的。在石圈中心通向出入口标石的连线上，每年夏至日可观测到太阳恰好在标石上方升起，表明整组建筑与太阳崇拜和天文观测有关。经过电脑测算，发现列石一些关键结构的连线在一年中同日、月的运行路线相合有24次之多，可见观测内容之复杂。

在索尔兹伯里平原的草地中，这些横着竖着的大石头看似毫无规律地摆放，却是人类史的一大奇迹，这些距今已经有4300年的巨石是如何搬运到这里的依旧是个谜，有不少重达7吨的巨石是横架在两根竖着的石柱上的。有人认为建造这样宏伟的巨石阵是记录太阳的轨迹，有认为是墓碑或是祭神所用，但其真正的建造目的至今未知。从现存列石位置和考古发掘来看，原有的大石块近半数已经散失，有的被运到别处建造桥梁，或被截开用来建造房屋；有的未被运走，但被移动了位置；有的已被切割成几块，散落在石环内外。石料都被切割成比较整齐的长方条，表面都经过錾刻打磨，相当平整。直立的石条和顶上的笠石结合处有准确的榫卯结构，所以设计和加工都需要有高超的技术。此外还要组织众多的人力长时间施工建造。从这些方面来看，这处建筑显然不是普通的建筑，而是具有极其重要意义的特殊建筑——这里很可能是宗教的圣地，具有神圣的意义。

图1-4 英国斯通亨奇列石阵复原想象

图1-5 英国斯通亨奇列石阵

第二章　古代建筑

第一节 古埃及建筑

埃及是古代文明的发祥地之一，尼罗河流域独特的地理位置和水文特点，深刻影响着古代埃及的文化和建筑。尼罗河造就了两岸肥沃的土地，形成发达的农耕文化。生产资料的富足及私有化的出现，使得古埃及出现了众多壮丽的建筑。在尼罗河的水利建筑建设过程中，古埃及人发展了几何学、测量学，创造了起重运输机械，提高了人群协作劳动的组织能力，为建筑的发展提供了技术上的保证。河流提供了芦苇、纸草和泥土作为建筑材料，同时流域盛产石材，峡谷和三角洲的自然景观也培育了古埃及人的审美经验和形象构思特点，如芦苇和纸草成为该时期建筑重要的装饰母题。由于流域周围是海洋、沙漠、高山，仅苏伊士地峡与亚洲相通，地理位置上处于一种封闭状态，也因此造就了文化发展上的单一和稳定。古埃及艺术的形成和表现程式在3000年间基本处于稳定少变的状况，总的来说是壮丽、宏伟、明确、稳定，有严格的规范，又具有写实基础上的美化。

公元前4000年，古埃及奴隶制萌芽。在公元前3500年，开始形成上埃及、下埃及两个王国，公元前3200年，上埃及统一了全境，形成中央集权的奴隶制国家。从这时开始，古埃及建筑史大致分为4个时期：古王国时期（公元前3200年—公元前2200年）、中王国时期（公元前2200年—公元前1580年）、新王国时期（公元前1580年—公元前1150年）、晚期（公元前1150年—公元前30年），在这几个时期内，埃及人创造了无与伦比的伟大建筑，在世界建筑史上留下了浓墨重彩的一笔。

一、古王国时期的建筑

古王国时期以形制巨大、设计精巧的金字塔建筑最为突出。该时期，人们认为人死后灵魂永存，并可以在若干年后得以重生，因此十分重视死后躯干的保存和陵墓的营建，处于社会顶层的统治者更甚。在这一认知的影响下，牢固而极具纪念性的金字塔建筑便开始产生。早期的陵墓建筑叫作“玛斯塔巴”，意为“凳子”，是寓意其像凳子的形态，这是早期国王和贵族的陵墓形制，用石材砌成的长方形建筑，里面存放石棺。随着国王权力的集中，其陵墓开始不同于贵族，变成了由大到小的多层相叠的梯形金字塔，尺度越来越大。这种过渡式的金字塔以第三王朝国王昭塞尔金字塔为典型，它基底东西长126米，南北长106米，高约60米，呈6层的阶台式。而金字塔建筑艺术的顶峰是第四王朝的吉萨金字塔群，共有3座形制巨大的金字塔，分别是胡夫金字塔、哈夫拉金字塔、孟卡拉金字塔。金字塔位于沙漠边缘，广阔无垠的沙漠背景使金字塔更显高大、稳定、沉重、简洁，与尼罗河三角洲风光十分协调，建筑与环境的结合极具表现力与审美性。

图2-1 玛斯塔巴

图2-2 昭塞尔金字塔

图2-3 吉萨金字塔群

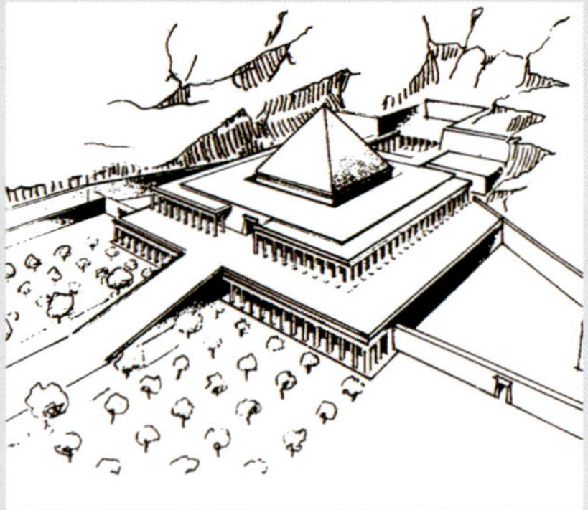

图2-4 曼都赫特普三世陵墓示意图

图2-5 卢克索神庙

图2-6 哈特什帕苏女王陵墓

图2-7 阿布辛贝神庙

二、中王国时期的建筑

中王国时期，迁都底比斯，峡谷狭窄，不适合建造金字塔。金字塔建筑开始逐步衰退，逐步发展起来的是“岩墓”和庙宇建筑。大约公元前2000年，曼都赫特普三世的陵墓开创了新的形制，国王的墓室安排在殿堂后面的悬崖里，殿堂由两层平台相叠而成，顶上是一座金字塔建筑，并采用柱廊形制。这种内部空间和外部形象同样重要的建筑，比起古王国金字塔比较原始、直观的形态，显得更丰富，可以看出古埃及人对建筑艺术的理解更深刻了，该建筑也显出了从金字塔到山洞岩墓过渡的倾向。

同时，神庙建筑在中王国时期已定型，包括圣羊大道、牌楼门与方尖碑、圆柱式院落、大殿、密室等形制。到了新王国时期，大量的太阳神庙成为古埃及人的建筑代表。古埃及人信奉太阳神，为维护统治，法老自命为太阳神化身，太阳神庙也代替陵墓成为法老崇拜的纪念性建筑。

卡纳克神庙和卢克索神庙是当时著名的建筑，神庙外形均为长方形，沿中轴线修建，大量采用柱廊，增加了建筑内部的神秘气氛，柱式形制丰富，并装饰精美的雕塑。神庙建筑除了大门外，建筑艺术的重点已全部从外部形象转到了内部空间，而内部空间也由大气雄伟转变为神秘和压抑。

三、新王国时期的建筑

新王国时期建筑较有代表性的建筑是哈特什帕苏女王陵墓和阿布辛贝神庙。哈特什帕苏女王陵墓沿山脚地势高低分布成3层建筑，各层前有柱廊，中间有斜道连接，垂直山崖与白石柱廊相互映衬，形成统一的整体。阿布辛贝神庙的尺度巨大，雄伟粗犷的拉美西斯二世的雕像是古埃及艺术的经典，造就了壮观、尊严的艺术效果，体现了帝王的气魄。

四、晚期建筑

从公元前11世纪开始，古埃及衰落了，相继被其他国家征服。伴随着经济的衰退，建筑活动受到影响，导致晚期产生的有影响的建筑不多见。公元前30年，埃及并入罗马帝国的版图。

五、古埃及典型建筑

1. 胡夫金字塔

胡夫（Pyramid of Khufu，公元前2723年—前2563年）金字塔又称为齐奥普斯（cheops）金字塔，位于埃及北部开罗近郊吉萨，是第四王朝“法老”胡夫的陵墓，也是埃及现存金字塔中最大的。胡夫金字塔占地5.3万平方米，塔高146.5米，塔底每边长约232米，是一个正方锥体。4个倾斜面与地平面的夹角为52°，塔用230余万块巨型石块叠成，每块石头约重2.5吨，表面用一层磨光的石灰岩贴面。

金字塔的北面距地14.5米处有一个入口，经过入口有狭长的通道与上、中、下3个墓室相连。狭长的通道也用石块砌成，后半段高8.5米，宽2米，直通上层主室，这是国王的墓室。国王墓室入口处，有50吨重的石闸作防卫之用，室内顶部有5层大石块，可能是为了防止下沉或倒塌。室内墙壁上刻有象形文字和花纹，存放着法老的石棺。石棺内有木棺，木棺内有裹着沥青和香料的木乃伊。室内共有两条通气洞（15厘米×20厘米）与塔外相通，可能是作为死者灵魂归来的通道。中层则是王后的墓室；另一间墓室则在地下，是存放殉葬品的地方。

在塔的西面和南面有许多贵族的长方形墓室和小金字塔，整整齐齐地排列在金字塔周围，反映埃及君主专制的奴隶制国家等级制度的森严和国王至高无上的权威，象征他们生前吻“法老”脚下的尘土，死后也得匍匐在他的周围。

图2-8 胡夫金字塔

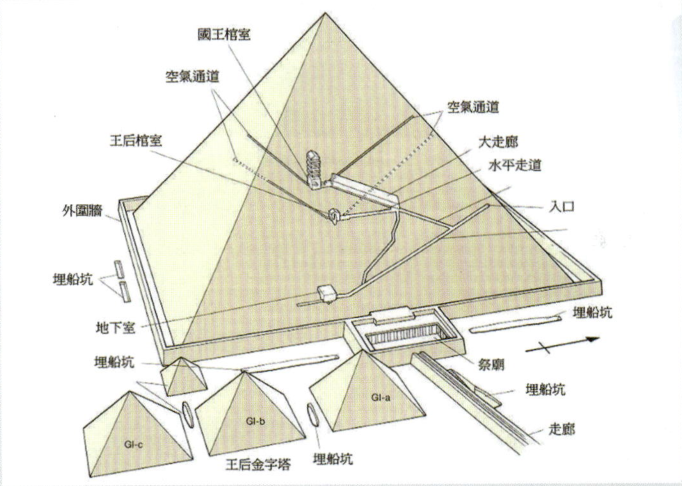

图2-9 胡夫金字塔内部结构

图2-10 胡夫金字塔全貌

塔的旁边还有帝王的庙宇，位置在离金字塔很远的地方。从庙宇到金字塔要穿过门厅后进入一条长达几百米的黑暗通道，通道内有很多凹壁龛，在昏暗中神秘变幻；通道的尽头是几个塞满方形石柱的大厅。厅后是一个露天的小院，从黑暗中出来，顿感豁然开朗，迎面正是帝王的雕像，雕像背后则是遮天蔽日、直冲云霄的金字塔塔顶。在这一望无际的大沙漠的边缘，金字塔以其稳定、简单、庞大的体形屹立在灿烂的阳光下，巍然生辉，营造出雄

图2-11 卡纳克神庙

图2-12 卡纳克神庙前的方尖碑

图2-13 卡纳克神庙列柱

图2-14 卡纳克神庙圣公羊雕塑

伟、神秘的气氛，象征着国王至高无上的权威，令人肃然起敬。

胡夫金字塔是世界古代建筑的奇迹之一。它不论在体量上还是工程技术上都是惊人的，基地每边长度误差只有0.2米。据历史记载，为了建造这座金字塔，曾强行征调了10万人，耗时30年。

2.卡纳克的阿蒙神庙

卡纳克的阿蒙神庙始建于中王国时期，至新王国第十八王朝大加扩建，第十九、二十王朝又有增修。到新王国末期，阿蒙神庙占地24.28万平方米，由许多部分组成，已拥有10座门楼，各座门楼又有相应的柱厅或庭院。

阿蒙神庙的大柱厅长度为365米，在这段距离上有6道高大的牌楼门相隔，最前面的牌楼门高44.3米，宽110米，庙的四周还围有高6～9米的砖墙，庙内有不同的庭院和殿堂。最令人吃惊的是它的大殿面积达5000平方米，宽103米，深52米，里面密密麻麻地排列着134根高大的柱子，中间两排高20.4米，直径3.57米，其余两侧柱子比较矮，柱高12.8米，直径3.60米，也用平屋顶，利用屋顶的高差形成侧天窗采光。柱身和梁枋上都满刻彩色的浮雕和纹样，中央两排高大柱子的柱头刻成莲瓣纹样的倒钟形，屋顶的天花板涂以蓝色并画有金色的星星和飞鹰；两侧的矮柱则布满了纹饰的柱身和花蕾式的柱头，柱头上顶着一块方形盖板。这样大面积的柱厅，仅一侧天窗采光，自然光线比较阴暗，加上大厅里石柱如林，无限夸大了幽暗的大殿内部，形成非常神秘的感觉。通过中央的柱廊，再穿过一个小柱厅，是一个更加阴暗的空间，这里是祭堂，使人隐隐约约地看到放着的圣舟，更加重了神秘的气氛。

在第三、四道牌楼门之间，由另外4个高大的牌楼门组成一条横向的轴线，门外是一条两旁排着圣公羊雕像的大道，直通缪特庙前。与这条大道平行的是另一条500多米长的大道，也对称排列着圣公羊的雕像，位于纵轴线的第一道牌楼门之内。这不仅延长了轴线，把3个庙宇连在一起，更重要的是加深了宗教的神圣气氛，使人们在进入每座庙宇时，步步沉重、步步谨慎、步步紧张，以唤起人们对神权和帝王的崇拜和敬服。

第二节 古希腊建筑

一、概述

古希腊是西方文化的摇篮，可以说从古希腊开始，逐步形成了西方建筑体系中独特的文明属性，一些经典建筑实物和基本原则、艺术经验，对后续两千多年的欧洲乃至世界都产生了深远的影响。

古希腊文化的源头是古爱琴海文化，时间大约在公元前3000年—公元前1400年，中心地域在克里特岛和迈锡尼周边的爱琴海一带，古希腊文化因此又称为“克里特——迈锡尼文化”。

古希腊的一些建筑从技术和装饰方面都借鉴了古埃及建筑，只是古希腊建筑不热衷于神庙建筑，而是修建一些集王宫、行政管理机构、宗教祭祀场所和居室的宫殿式建筑群，较早地创造了“正室”的布局形式，即宫殿以一个巨大的庭院为中心来布置，形成一个建筑群，这成为后来希腊古典建筑平面布局的原型。建筑注重内部功能，不求外表的美观，上粗下细的圆柱得到广泛运用。室内外运用鲜艳色彩与壁画进行装饰，也是其突出的特点。克里特岛上的克诺索斯王宫是克里特建筑群的典型代表。宫殿依山而建，是一座规模庞大的多层平顶式建筑，占地22000平方米，房屋达1500余间，大约建造于公元前1600年—公元前1500年。外轮廓顺应地形高低错落，布局自由，不作绝对对称的布局特点，从属错落。由于其厅堂、走廊、房间众多，楼道曲折回环，上下迂回，空间极为复杂，被世人称为“迷宫”。在建筑内外，圆柱的使用和彩色壁画也是建筑的一大特点。

迈锡尼文化晚于克里特文化，其防御性很强的卫城建筑象征着王国的强大统治和战争情怀，建筑风格粗犷、简陋。与克诺索斯王宫不设防的轻松相比，迈锡尼卫城却是要塞式的小城，可见其好战本能促使他们构筑要塞。卫城坐落在高于四周40~50米的高地上，内有宫殿、贵族住宅、仓库、陵墓等，外围一道约1千米长的石墙，厚达几米，与克里特形制类似。迈锡尼卫城的中心是正厅，独立式，四周布局为非规整式。卫城最重要的遗物是被称为“狮子门”的城门，门高宽均约3.5米，由3块巨石架成，上有一块三角形的浮雕石板，上雕一对相向而立的狮子，工艺精湛。

后来，克里特—迈锡尼文化遭到彻底破坏而衰败，但仍深刻影响了后来的古希腊。从公元前18世纪开始，在巴尔干半岛、小亚细亚西岸和爱琴海岛屿上建立起了很多大小不一的奴隶制城邦国家，如雅典、斯巴达、亚各斯、科林斯等。城邦之间既有战争，又有共同的传统、语言文字和生活习俗。如4年一届的奥林匹克运动会便是城邦之间的盛会，除此之外，其他的公共生活也都大大加强了整个民族的文化认同。城邦中的雅典高度繁荣，在政治、经济、文化等方面超过其他城邦，成为邻邦先导。

古希腊文明大概分为荷马时期、古风时期、古典时期和希腊化时期。由于古希腊所发展的是奴隶主的民主制，其建筑文化也明显反映着原始的人文主义色彩。荷马时期

图2-15 克诺索斯王宫遗址

图2-16 迈锡尼卫城狮子门

图2-17 狮子门全景

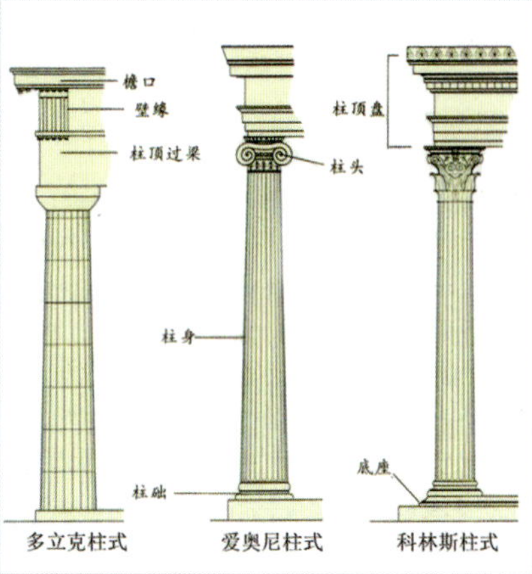

图2-18 希腊柱式

图2-19 列雪格拉底音乐纪念堂

图2-20 帕加玛的宙斯祭坛（复原品）

虽开始修建神庙，但无实物遗址保存下来。古风时期是古希腊建筑快速发展的一个阶段，该时期的建筑也开始有了较为稳定统一的形式，表现为：作为祭祀活动场所的神庙成为建筑的中心，广泛采用石材和梁柱体系，奠定了围廊式神庙的基本格局。大概在公元前7世纪，两种基本的柱式已经形成，即多立克柱式和爱奥尼柱式。多立克柱式朴素、粗壮，无柱基，下小上大，中间略鼓，柱身有凹槽，柱头接方形柱冠；爱奥尼柱式精巧纤细，有柱基，柱身修长、匀称，凹槽密而深，柱头涡卷式，檐壁饰以浮雕。古典后期在爱奥尼柱式基础上又发展了更为华丽的科林斯柱式，柱头为繁密的花篮。这3种柱式成为古希腊及后世建筑极为重要的建筑构建，时至今日仍广泛使用，是古希腊建筑对世界建筑的伟大贡献之一。古风时期著名建筑遗址有德尔斐地区的阿波罗神庙和帕斯顿姆的波塞冬神庙。

古典时期是希腊艺术的繁荣期，各门类艺术均取得了巨大成就。该时期围柱式建筑的各部分开始形成固定的格式和比例，总的趋向是简练合理。这一时期的建筑成就相当可观，包括神庙、露天剧场、竞技场、广场、敞廊等，这些经典之作的建筑结构与艺术造型、纪念性与装饰性、内容与形式取得了高度统一，集中表达了古希腊建筑艺术的成熟神韵：庄严纯净、匀称优美、典雅精致、富于诗意。雅典卫城成为这时期最突出的代表，城中的帕提农神庙堪称世界上最优美、最神秘的建筑之一，垂范千古。除雅典卫城外，古典时期的建筑杰出代表还有列雪格拉底音乐纪念亭和埃比道拉斯剧场等。列雪格拉底音乐纪念堂高10余米，外部围绕6根科林斯石柱，装饰自下而上逐渐丰富，造型秀丽典雅。

到了公元前4世纪后期，马其顿征服了希腊，结束了古典时期，后通过征战，建立了强大的亚历山大帝国，其领土横跨欧、亚、非三洲。希腊建筑艺术也随着帝国的势力传播到各地，并与当地文化传统结合在一起，呈现出丰富多彩的艺术风格，称为“希腊化”时期。希腊文化与东方文化的融合，是该时期建筑文化的最大特点。由于文化的交融，建筑语言创作和建造结构技术空前丰富和繁荣，领域扩大，公共建筑类型增多，艺术手法多样。同时在古典时期所尊崇的朴素与中庸，被希腊化时代在艺术上的铺张、崇尚奢侈和无节制替代，对华丽装饰的追求，致使简朴的多立克柱式衰落，爱奥尼柱式和科林斯柱式得以广泛运用。该时期的集中广场代替了神庙建筑成为城市的中心，祭坛发展成独立的建筑物，一般不设内部空间，帕加玛的宙斯祭坛是当时最大、最华丽的祭坛；露天剧场有了成熟的形制，观众席位半圆形，依山坡而建，有放射性纵向走道和顺同心圆弧的横向走道。

古希腊晚期的建筑由古罗马继承，并发扬光大。

二、典型建筑

1. 雅典卫城

古典文化时期最具代表性的一座建筑是雅典卫城。它是公元前5世纪雅典奴隶主民主政治时期的宗教活动中心，在雅典联合各城邦战胜波斯后，更被视为国家象征。卫城建设是为了盛赞雅典，建立一个全希腊宗教和文化的中心，所以雅典卫城达到了古希腊圣地建筑群、庙宇、柱式的最高水平。

雅典卫城建立在雅典城中央一个孤立的山岗上，仅西南面有一通道盘旋而上。卫城建筑群分布在山顶上约280米×130米的天然平台上，综合了多立克式和爱奥尼式的建筑艺术。为了反映共和政体的城邦手工业者和商人们的审美趣味，卫城的多立克柱式向爱奥尼式有所靠拢，开间较前期宽一点，柱子也修长一些，甚至在多立克式建筑中安置了爱奥尼式柱子。

卫城采用了自由活泼的布局方式，顺应地势而建。因为山势陡峭，游行队伍必须绕过卫城北、东、南三面再从西南方向唯一的通道上去，所以建筑物都贴近山岗上平台的边沿建造，并且柱廊向外，便于观赏。

卫城中心是雅典城的保护神雅典娜·帕提农的铜像，主要建筑有帕提农神庙、伊瑞克提翁神庙、胜利神庙以及卫城山门。这些建筑高低错落、主次分明。帕提农神庙位于卫城最高点，造型端庄、体积庞大，其他的建筑则处于陪衬地位。卫城南坡是平民活动中心，有露天剧场和敞廊。从卫城西南通道登山，依次见到的是：胜利神庙—山门—雅典娜铜像—帕提农神庙—伊瑞克提翁神庙，每一段路程都能看到优美的建筑景象，前呼后应，一气呵成。

胜利神庙位于山西南侧面高8.6米的基墙上，人们登山时可以最先见到。为了突出在波希战争中胜利的主题，神庙特意探出山顶边缘，基墙也是为此而造。胜利神庙不大，是爱奥尼式的，台基面积5.38米×8.15米，前后各4根柱子；为了与多立克式的山门协调，柱子的比例较粗，为1:7.68。胜利神庙的建筑以及基墙上的浮雕都以战争胜利为主题。

图2-21 雅典卫城远景

图2-22 帕提农神庙

图2-23 帕提农神庙的栏板浮雕

图2-24 胜利神庙

沿胜利神庙的基墙右转一个弯，就是山门。山门雄踞陡坡之上，突出于山顶西端。由于地面不平，山门西一半比东一半低1.43米，屋顶也顺势断开建造。山门北侧是绘画陈列馆，南侧为一个敞廊，它们遮蔽了山门的侧面，所以高低两部分在外面不易看出。高低两部分之间隔一墙，墙上开了5个门洞，中央门洞设坡道，通行车马，其余门洞设踏步。山门为多立克式，前后各有6根柱子，细长比约为1:5.5，柱身硬朗明快。檐部与柱高之比约为1:3.12。额枋呈弧形，中央隆起4厘米。6根柱子的中央开间特别大，净空为3.85米，是为了通行车辆和献祭的牺牲品。前面（西面）的6根柱比后面（东面）6根柱略高20余厘米，底径都是1.56米。山门前后柱之间有一条中央道路，两侧有3对爱奥尼柱子，这种柱式混用也是雅典卫城的首创。

一进山门，面对的是雅典娜的镀金铜像，像高11米，位于构图的中心，背后是伊瑞克神庙水平展开的柱廊。走过雕像，右前方高台上，就是主建筑帕提农神庙了。此神庙兴建于公元前447年，至公元前438年完工，公元前431年完成雕刻。主设计师是伊克提努，胜利神庙的设计师卡里克拉特也参与了设计，雕刻则由菲狄亚斯师徒创作完成。帕提农神庙有几大特点：第一，位置最显著，位于最高处。第二，体型最大，是希腊最大的多立克式庙宇，有8×17根大柱子，柱高10.4米，底径1.9米，台基面约31米×70米；第三，形制为卫城唯一的围栏式庙宇；第四，用白色大理石砌成，铜门镀金，山墙的装饰也是金的，外岩壁上饰满雕刻，以红蓝色彩为主装饰，十分华丽厚重；第五，帕提农神庙也采用柱式混用，室内有爱奥尼柱子。神庙代表了希腊多立克式建筑的最高成就，具体来讲：柱身比较修长，细长比为1:5.48；比例匀称，檐部与柱高比为1:3.17；柱间净空较宽，约为1.26个柱底径；柱头倒圆锥斜线近45°，尖拔有力；角柱加粗，缩小角开间（净空1.78米）；所有柱子都向内倾斜大约7厘米，同时又向各立面中心微倾，越靠外倾角则愈多；柱子卷杀不多，额枋和台基中央都上隆成微弱曲线。所有这些做法使庙宇极为精致、坚挺而庄重，将建筑美学与熟练的加工技巧完美地融合为一体。

图2-25 伊瑞克提翁神庙的女神柱廊

帕提农神庙背面是伊瑞克提翁神庙。这座神庙为爱奥尼式，建造在一块神迹地之上，南北向与东西向两条断坎直角交汇在此处，断坎落差很大。圣堂横跨在南北向的断坎上，南墙建在东西向断坎的上沿。圣堂东部是雅典娜正殿，西部是雅典人始祖开克罗普斯的墓，东部比西部高3.2米。北门柱廊面阔3间，进深2间，遮盖了传说中波塞冬与雅典娜争斗时留下的井和古老的宙斯祭坛。柱廊向北凸出，离山顶边缘仅11米，使人在山下也可观望到神庙。神庙南立面为大片封闭的石墙，只在西端造了面阔3间、进深3间的女像柱廊，用了6根2.1米高的女像柱，端庄秀丽，同时在因断坎引起脱离的南立面与西立面之间形成联系。伊瑞克提翁神庙各立面变化很大，结构体型都相当复杂，形式奇特。这是一件在高难度的地基上创造的独树一帜的完美作品，足见其建筑师的卓越能力。

2. 古希腊的露天剧场

露天剧场和室内会堂是古希腊时期产生的新建筑类型。大型的露天剧场和室内会堂能容纳万人以上，其中一些露天剧场到今天还时常进行各种形式的演出。

露天剧场的平面一般为半圆形或扇形，利用自然的山势做成台阶状的升起，既很好地解决了视线遮挡的问题，又保证了直达声的质量。通过纵向放射性的台阶走道和圆形的水平过道解决交通和疏散问题。除了酒神的宝座外，每个座位都是平等的。大型剧场可设50多排座位，规模庞大，气势恢宏，有很强烈的空间围合感，剧场的中心为圆形的舞台。据维特鲁威的记载，剧场观众席里每隔一定距离安放一个铜瓮，起到增强和改善音质的作用。

由波利克莱托斯设计的埃比道鲁斯剧场是保存最为完好的古建筑露天剧场，建造于公元前350—前330年。经过扩建后，共有55排多达1.3万个座位围绕直径达20.3米的圆形舞台布置。剧场的音响效果极佳，据说在最后一排的观众都能听到舞台上演员的急促喘气声。

第三节 古罗马建筑

一、概述

古罗马时代是西方奴隶制发展的最高阶段，最初由罗马发迹，公元前146年吞并希腊，由伊特鲁利亚文化和希腊文化发展起来。古罗马在鼎盛时期（公元1—3世纪），成为横跨亚、非、欧3大洲的大帝国。公元4世纪罗马分裂为东、西罗马，西罗马在5世纪灭亡，东罗马帝国发展成为封建制的拜占庭帝国。

古罗马建筑是古希腊经典建筑的再发展。相对而言，其更注重公共建筑和纪念性建筑的营建，类型繁多，形制相当发达，样式和手法丰富，结构水平高，初步建立了

图2-26 埃比道鲁斯剧场

建筑的科学理论，对后世产生了重大影响。欧洲谚语称：“光荣归于希腊，伟大归于罗马”，体现了两者的地位。

古罗马的建筑可分为3个时期：伊特鲁利亚时期（公元前8世纪—公元前2世纪），该时期建筑在石工、陶瓷构建、拱券结构方面成就突出，城市规划与建筑在这时有了良好基础；罗马共和时期（公元前2世纪—公元前30年），在公路、输水道、街道、桥梁等方面成就非凡，公共建筑十分活跃，如浴场、角斗场、剧场、巴西利卡等；帝国时期（公元前30年—公元476年），以大型的公共建筑和纪念性建筑，如凯旋门、纪功柱、广场、圆形竞技场等，籍以炫耀帝国财富、表彰功绩、歌颂权力。

古罗马建筑特征显著，审美趣味上，追求宏伟的气魄、复杂的结构和完美的功能，风格雄浑凝重。在技术上，罗马人完美继承了古希腊的3种经典柱式，并在此基础上创造了塔斯干柱式和混合柱式。罗马人在建筑方面所取得的一个突出成就是对拱券技术的广泛运用。拱券技术有效地解决了大跨度与大空间建筑的承重问题，使营建体制庞大的建筑成为可能。同时，罗马人善于将柱式与拱券相结合，创造出多种组合方式，如券柱式、连续券等，以拱券作为结构要素，以柱式作为装饰要素。在材料上，罗马人发明了用火山灰制造的混凝土，使石材建筑更加紧密牢固。

古罗马建筑种类繁多，大致可分为公共设施及娱乐场所、宗教建筑、纪念性建筑物。

公共设施及娱乐场所有剧场、角斗场、公共浴场等。罗马剧场已不再受制于地形，因为拱券技术可建多层建筑，多建在城市中央，其结构形制也有了很大的变化。舞台背景装饰倚柱、壁龛、雕像，观众席通过逐步抬高的连

图2-27 加尔输水道

图2-28 卡拉卡拉浴场遗址

续券洞呈放射状排列，处理为券柱式的叠加。采用拱券技术建筑的罗马马采鲁斯剧场，最大直径130米，可容万人以上。除观看戏剧外，贵族和市民还喜欢观看角斗士斗兽或斗人。从公元前1世纪起，古罗马许多城市都兴建了椭圆形的角斗场，在功能、规模、技术和艺术风格方面来看，罗马城的大角斗场最为典型，也是古罗马建筑的杰作。公共浴场是罗马人的一种生活方式，集洗浴、社交和体育锻炼为一体，因此浴场建筑不仅有浴室，还包括由运动场、图书馆、音乐厅、商店等组成的多功能建筑群。在罗马城，浴场最多时达1000多座，大的浴场可容纳千人以上，其中皇家浴场卡拉卡拉浴场占地约20万平方米，可容1600人。该浴场结构十分突出，梁柱与拱券并用，热水浴大厅上圆形穹顶，直径达35米，体现了高超的建造技艺，整座建筑空间组织简洁且富于变化，内部装饰华美。由于城市人口的增加和其他水上娱乐活动的兴盛，城市用水量非常惊人，为满足城市供水，罗马人修建了庞大的输水道系统，保存至今的法国南部尼姆的加尔输水道，被看作是工程史上的奇迹。同时罗马人注重城市规划，修建了四通八达的帝国大道，谓之“条条大道通罗马”，可以窥见当时罗马的公共交通状况。

宗教建筑主要是神庙，罗马人继承了希腊的宗教和庙宇形制，但不再像古希腊那样把神庙修建在自然的郊区，而是修建在城市里，形制有矩形，也有圆形。矩形神庙有黎巴嫩的巴尔贝克太阳神庙，坐落在一个13米高的平台上，包括大庙、小庙和圆庙，采用左右对称式，烘托出神庙威严庄重的气氛。罗马万神庙是圆形神庙中最大的一个，保存完整，是罗马拱券结构与希腊柱式结构的完美结合，代表了古罗马混凝土技术发展的最高成就。罗马万神庙的穹顶直径达43.3米，在现代建筑结构出现前，是世界上跨度最大的穹顶。罗马神庙建筑追求“宏伟”和“壮丽”，利用发达的技术建造了巨大的空间，形成了震撼人心的空间效果。

纪念性建筑包括广场和凯旋门等。广场是古罗马重要的城市设施，共和时期的广场是民众的公共活动场所。帝国时期，广场的政治色彩越来越浓厚，从开放变为封闭，变成了皇帝个人炫耀功绩的纪念场所，并且以皇帝的庙宇作整个构图的中心。著名的广场有凯撒广场、奥古斯都广场和图拉真广场。凯旋门是皇帝为炫耀侵略战争胜利的建筑，一般修建在道路口，立面为方形，高基座，设有女儿墙，3开间券柱式，中间券洞高大宽深，两侧开间较小，门上饰有大量浮雕。女儿墙刻铭文，女儿墙头有象征胜利和光荣的青铜铸马车；门洞里面侧墙上刻主题性浮雕。第度凯旋门和君士坦丁凯旋门是其代表。

二、典型建筑

1. 大角斗场

从功能、规模、技术和艺术风格各方面来看，罗马城的大角斗场（72—80年）是古罗马建筑的

图2-29 巴尔贝克太阳神庙局部-酒神巴卡斯庙

图2-31 君士坦丁凯旋门

图2-30 第度凯旋门

图2-32 大角斗场内部

代表作之一，它的施工速度之快也是一个奇迹。

大角斗场长轴188米，短轴156米，中央的“表演区”长轴86米，短轴54米。观众席大概有60排座位，逐排升高，分为5区，前面一区是荣誉席，最后两区是下层群众的席位。中间是骑士等地位比较高的公民席位。荣誉席比“表演区”高5米多，下层观众席位和骑士席位之间也有6米多的高差，社会上层的席位安全措施很严密。最上一层观众席背靠着外立面的墙，没有用拱券支撑，而是用木构，为的是怕拱券沉重的侧推力挤垮外墙。观众席的总升起坡度接近62%，观览条件很好。

为了架起这一圈观众席，它的结构才是真正的杰作。底层有7圈灰华石的墩子，每圈80个。外面3圈墩子之间是2道环廊，用环形的筒形拱覆盖。由外而内，第四和第五、第六和第七圈墩子之间也是环廊，而第三和第四、第四和第六圈墩子之间砌石墙，墙上架混凝土的拱，呈放射性排列。第二层靠外墙有两道环廊，第三层有一道环庙。整个庞大的观众席就架在这些环形拱和放射性拱上。这一整套拱，空间关系复杂，但处理得井井有条，整齐简洁。底层平面上，结构面积只占1/6，在当时是很大的成就。

材料的使用经济合理，基础的混凝土用坚硬的火山石为骨料，墙用凝灰岩和灰华石，拱顶混凝土的骨料则用浮石。墩子和外墙衬砌一层灰华石，柱子、楼梯、座位等用大理石饰面。

这样一个容纳5~8万人的大角斗场，观众的聚散安排得很恰到。外圈环廊供后排观众交通和休息之用，内圈环廊供

图2-33 大角斗场

图2-34 大角斗场远景

图2-35 罗马万神庙外景

图2-36 罗马万神庙内部

前排观众使用。楼梯在放射性的墙之间，分别通达观众席各层各区，人流不相混杂。出入口和楼梯都有编号，观众按座位号找到相关出口和楼梯，便很容易找到座位区和座位。兽槛和角斗士房间在地下，有周密的排水措施。角斗士和野兽的入场口在底层，每逢“表演”的时候，野兽和角斗士被从地下室吊上来。“表演区”上铺满沙子，为的是人或兽流血的时候可借沙子层吸收，使鲜血不至流于地面。

大角斗场的立面高48.5米，分为4层。下3层各80间券柱式，第四层是实墙，立面上不分主次，适合于人群均匀分散的实际情况。由于券柱式的虚实、明暗、方圆的对比很丰富，角斗场本身又是长圆形的，光影富有变化，所以虽然周圈一律，却并不单调。相反，这样的处理保持并充分展现了它几何形体的单纯性，浑然而无始终，更显得宏伟、完整。叠柱式的水平划分更强化了此效果和它的整体感。

开间大概6.8米，而柱子间净空在6个底径左右，券洞宽阔，所以空间显得开朗明快。装饰比较有节制。二、三层的每个券洞口都有一尊白大理石的立像，在券洞的衬托下，轮廓明确，很生动，可惜细节略显粗糙。

大角斗场的位置原是尼禄皇宫内花园的人工湖，填平后，基础底下比较软。但两千年来，大角斗场没有发生基础的沉降问题，可见工程的水平很高。

2. 罗马万神庙

万神庙（公元120—124年）是罗马圆形庙宇中最大的一个，也是现代建筑结构出现之前世界上跨度最大的建筑，至今保存比较完整。神庙面对广场，坐南朝北。神庙前广场上立方尖碑，这是从埃及搬来的。神庙的平面可分为两部分，门廊由前面8根柱子与后面2排8根柱子组成，立在高高的台阶上，后面是圆形的神殿。门廊柱高14.5米，16根柱子是白色大理石的科林斯柱头、红色花岗石的柱身，柱身没有凹槽，用整块石料制成。柱子后面有两个壁龛，放着奥古斯都和阿古利巴的大雕像。

神殿的平面为圆形，直径43.43米，墙厚为6.2米，上面覆盖着半球形的穹窿顶，内部顶端距地也是43.43米，正中有一直径8.9米的圆形大天窗，是唯一的采光口。穹顶使用叠涩砖和浮石作填料的混凝土混合筑成。基础和墙壁是用凝灰岩和灰华石作填料的混凝土。为了减轻自重，又在圆周的墙体上挖了7个壁龛和8个封闭垂直的空间。壁龛3个做成半圆形，4个做成长方形。圆形神殿的内部处理很统一，龛的立面都做成用两根科林斯柱子支撑着檐部的构图，科林斯柱的檐口上部靠近穹顶还有一层檐，两层檐口把神殿内部墙面水平划分成上小下大的两段，接近黄金分割的比例。再上是圆形的穹窿顶，用凹陷的方形图案作装饰，不仅减轻了房顶的自重，还构成了上小下大的5排天花，从而达到了强调高度的作用。顶部采光产生的阴影变化，更加强调了室内空间的效果。在神殿墙面的水平划分层中，柱子和神龛线脚呈垂直划分，内部墙面和柱子都用大理石装饰，整个室内感觉和谐、宏大。

万神庙的外观比较封闭、沉闷。柱子是从各处拆借而来的，色泽不一致。柱头、檐部、柱基是白色大理石，柱身是深色的花岗岩。门廊的檐部山花有青铜铸的雕刻，柱廊下的大门包着镀金铜片，穹窿顶的面层也是镀金铜片，其余各处也都有这种光亮夺目的装饰物。由于它的富丽多彩，减少了一点封闭沉闷的感觉。

这座神庙是单一的空间、集中式构图的典范，它代表当时罗马建筑的设计和技术水平，在体型、平面、立面和室内处理方面，都堪称罗马古典建筑的代表。

3. 图拉真广场

图拉真广场（Forum of Trajan，109—113年）的形制参照了东方君主国建筑的特点，不仅轴线对称，而且作多层纵深布局。在将近300米的深度里，布置了几进建筑物。室内室外的空间交替，空间的纵横、大小、开阖、明暗交替，雕刻和建筑物交替等，都说明建筑艺术的高潮已经到来，也说明统治者对皇权的宣示也步入极致。

图拉真广场正门是三跨的凯旋门。进门是120米×90米的广场，两侧敞廊在中央各有一个直径45米的半圆厅，形成广场的横轴线，使这个宽阔的广场免除了单调之感。在纵横轴线的交点上，立着图拉真的镀金骑马青铜像。轴线给铜

图2-37 罗马万神庙

图2-38 图拉真广场遗址

图2-39 图拉真纪功柱

像以确定的、不可游移的位置。

图拉真广场的底部横放着图拉真家族的乌尔比亚巴西利卡（Basilica of Ulpia，120米×60米），这是古罗马最大的巴西利卡之一。它内部有4列10.65米高的柱子，当中两列用灰色花岗石作柱身，白大理石作柱头，外侧两列柱子是浅绿色的。4列柱子把巴西利卡分为5跨，中央一跨达25米，它的木桁架是古罗马最大的。巴西利卡的两端有半圆形的龛，强调了它的轴线，也就是强调了它和广场的垂直关系。巴西利卡屋顶上覆盖着镀金的铜瓦。

巴西利卡之后是一个24米×16米的小院子，中央立着一颗连基座总高达35.27米的纪功柱，柱子是罗马多立克柱，高29.55米，底径3.70米。柱身全由白大理石砌成，分18段，里面是空的，循185级石级盘旋而登，可达柱头之上。有全长200米以上的浮雕带，绕柱23匝，刻着图拉真两

图2-40 图拉真纪功柱局部

次远征达奇亚（Dacia）的史迹。柱头上立着图拉真的全身像(1588年改为圣彼得像)。纪功柱的构思是：其一，院子小，柱子高，尺度和体积的对比都异常地强烈。巨大的柱子从小小的院子傲然而出，使人油然萌生对皇帝的崇拜之感。其二，为了进一步夸张柱子的高度，浮雕带渐上渐窄，下面宽1.25米，上面只有0.89米。其三，院子左右是图书馆，有楼梯登上它们的屋顶，可以在那里观看上部的浮雕。后来欧洲就流行以单根的柱子作纪念柱。

穿过这个小院子，又是一个围廊式的大院子，中央是台基高高的庙宇，围廊式，规模很大，正面也是8根柱子。这是崇奉图拉真本人的庙宇，非常豪华，是整个广场艺术的高潮所在。

图拉真广场的建筑师是叙利亚人阿波洛道鲁斯（Apollodorus of Damascus，活动于97—130年），这种纵深多层次布局本是叙利亚的传统。也有人认为，最后的图拉真庙是公元138年由热爱建筑的皇帝阿德良（117—138年在位）建造的。

第四节 古代西亚建筑

一、概述

古西亚包括幼发拉底河流域和底格里斯河流域及伊朗高原等地区。两河流域气候干燥、土质肥沃，公元前4000年前，便出现了灿烂的文化。公元前3000年左右，建立了以巴比伦和亚述为首都的君主集权国家，直到公元前538年被并入波斯帝国为止，可分为5个时期：苏美尔—阿卡德时期、巴比伦时期、亚述时期、新巴比伦时期和波斯帝国时期。

古西亚信奉原始拜物教，世俗建筑占主导地位，艺术风格不像古埃及那样神秘和压抑，发展了多种建筑形制和丰富多彩的装饰手法，达到了很高的水平，对古代和中世纪的建筑文化做出了重大贡献。

两河流域木材和石材较少，长期采用土坯和芦苇造房子，后又发展了日晒砖和窑砖，增加了建筑的稳固性。早期的苏美尔人用泥土制成砖坯，作为主要的建筑材料，这时期主要的建筑物有乌尔城观象台（又称山岳台），它建在几个由土垒起来的大台基上，类似于梯形金字塔，内为

实心土坯，外侧贴上一层焙烧过的面砖，用于防水。观象台主要用于观测天象，同时也是宗教祭祀的场所。

古巴比伦时期没有建筑保存下来，但从遗存至今的汉谟拉比法典中，可以证实当时已有专门的建筑师，反映了当时建筑业的活跃。后来的亚述帝国盛极一时，修建了大量豪华的宫殿。由于战火连绵，亚述王宫所剩无几，其中萨尔贡王宫是主要代表。萨尔贡王宫建于公元前8世纪，宫殿由30多个内院、200多间房子组成，修筑在一个高18米、边长300米的方形台基上。宫殿入口处有一对雕刻在石板上的人首翼牛像，象征着智慧和力量守护宫殿，其巧妙之处在于牛雕有5条腿，无论是从侧面还是从正面观看均显自然。人首翼牛像是亚述常用的装饰题材，气势雄壮有力，可反映当时宫殿的气势。

新巴比伦时期建造了两河流域最豪华的都城。巴比伦城是古代世界最伟大的城市，该都城原有双层城墙，上设塔楼，平面22.2平方千米，城内规划整齐，路径明确，中央大道串联主要的宫殿和庙宇。伊什达门是城的正门，采用彩色琉璃面砖进行装饰，动物形象的浮雕整齐排列，边饰华丽。

作为古代“世界七大奇观”之一的空中花园被描述成“披着花木盛装的小山”。据记载，花园立面为阶梯形，高20米，平面为275米×183米的长方形，每层使用巨柱支撑石板，建筑群中有一根空心柱子自下直通顶上，用于抽水灌溉花园。

波斯人吞并巴比伦后，创造了形式更为自由、装饰更为精美的新建筑类型，但也很大程度上继承取了巴比伦、亚述及古埃及的风格，所修建的帕赛波里斯宫殿，展现了波斯帝国的建筑技术水平和装饰风格。

二、典型建筑

巴比伦城是巴比伦王国的都城，在今伊拉克巴格达以南约90千米处。巴比伦的阿卡德语意为神之门，公元前18世纪前半叶，古巴比伦王国汉谟拉比王统一两河流域，即以此为国都，同时这里成为祭祀马尔杜克神的中心，后成为加喜特诸王的都城。公元前689年为亚述王西拿基立所毁，不久又经新巴比伦王国重建。新巴比伦国王尼布加尼沙二世在位时（前605—前562），该城达到极盛。约于公元前539年，巴比伦城成为波斯帝国的都城。公元前331年马其顿军队入侵，巴比伦城成为马其顿在东方的首都。马

图2-41 乌尔城山岳台

图2-42 汉谟拉比法典

图2-43 萨尔贡王宫守护神-人首翼牛像

图2-44 伊什达门（复原）

其顿亚历山大大帝死后，巴比伦城逐渐衰落。

巴比伦是一座令人神往的古城，它位于幼发拉底河和底格里斯河的交汇处。早在公元前1830年左右，阿摩利人就以巴比伦为都城，建立了古巴比伦王国。在古巴比伦国最出色的国王汉谟拉比死后，巴比伦不断受到外族的进攻，历经500多年战乱，直到公元前7世纪末，才在尼布加尼沙领导下建立了新巴比伦王国。然而，88年后，新巴比伦王国又被波斯人彻底毁灭。随着巴比伦王朝的覆灭，显赫一时的古城巴比伦城，也日渐消失在荒草之中了。

在新巴比伦王国时期，巴比伦城也是古代两河流域地区最壮丽最繁华的都城。巴比伦城有内外两道城墙，城里最壮观的建筑物，就是尼布加尼沙王宫和著名的“空中花园”，以及巴别通天塔。

1.“空中花园”

相传，“空中花园”是新巴比伦国王尼布加尼沙二世为王后米梯斯修建的，依据王后米梯斯家乡米底山区的景色，在宫殿里建造了层层叠叠的阶梯形花园，上面栽满了奇花异草，并在园中开辟了幽静的山间小道，小道旁是潺潺流水。工匠们还在花园中央修建了一座城楼，矗立在空中。由于花园比宫墙还要高，给人感觉像是整个御花园悬挂在空中，因此被称为“空中花园”，又叫“悬苑”。当年到巴比伦城朝拜、经商或旅游的人们很远就可以看到空中花园上的金色屋顶在阳光下熠熠生辉。所以，到公元2世纪，希腊学者在品评世界各地著名建筑和雕塑时，把“空中花园”列为“世界七大奇观”之一。

图2-45 帕赛波里斯宫殿基座浮雕

图2-46 巴比伦城遗址

令人遗憾的是，“空中花园”和巴比伦文明其他的著名建筑一样，早已湮没在滚滚黄沙之中。我们要了解“空中花园”，只能通过后世的历史记载和近代的考古发掘。在19世纪末，德国考古学家发掘出了巴比伦城的遗址。他们在发掘南宫苑时，在东北角挖掘出一个不寻常的、半地下的、近似长方形的建筑物，面积约1260平方米。这个建筑物由两排小屋组成，每个小屋平均只有6.6平方米。两排小屋由一走廊分开，对称布局，周围被高而宽厚的围墙所环绕。西边的一间小屋中发现了一口开了3个水槽的水井，一个是正方形的，两个是椭圆形的。根据考古学家的分析，这些小屋可能是原来的水房，那些水槽则是用来安装压水机的。因此，考古学家认为这个地方很可能就是“空中花园”的遗址，考古学家还在遗址里发现了大量种植花木痕迹。然而，到目前为止，在所发现的巴比伦楔形文字的泥版文书中，还没有找到确切的文献记载。

因此，考古学家的解释是否正确仍需进一步研究。

2.巴别塔

巴别塔本是巴比伦城里一座供奉巴比伦人的主神马都克的神庙。塔的顶端是神殿。塔内有一条石梯可以直通神殿，敬神时，穿着白色法衣的祭司在乐器伴奏的合唱声中登上塔顶。这座巴别塔就是《圣经·旧约》里的巴别通天塔。“巴别”这个词是巴比伦文，意思是“神的大门”。

巴比伦古城里最早的巴别通天塔，在公元前689年亚述国王辛赫那里布攻占巴比伦时就破坏了。新巴比伦王国建立后，尼布加尼沙二世下令重建通天塔。他命令全国不分民族、不分地区都要派人来参加修塔。

重建的巴别通天塔共有7层，总高90米，塔基的长度和宽度各为91米左右。在高耸入云的塔顶上，还建有壮观的供奉马都克主神的神殿，塔的四周是仓库和祭司们的住房。在5000多年前，人们能建起这样一座如此巍峨雄伟的通天塔，实在是人世间的一大奇迹。遗憾的是，巴别塔如今剩下的仅仅是一块长满了野草的方形大地基的残迹了。

在波斯人彻底摧毁巴比伦之后，人们对巴比伦通天塔仍然念念不忘。公元前331年，当亚历山大大帝占领已经荒芜的巴比伦后，他曾经想重建通天塔。但是，单单清除废塔的砖瓦就需要1万人工作两个月。最后他只好放弃了这个计划。

图2-47 空中花园假想图

图2-48 巴别通天塔（彼得·勃鲁盖尔油画作品）

第三章 欧洲中世纪建筑

自公元476年西罗马帝国灭亡到15世纪文艺复兴和大航海时代的这一段时期，史称中世纪。

公元395年，罗马帝国分裂为东罗马和西罗马，东罗马以君士坦丁堡为国都，史称拜占庭帝国。拜占庭帝国相对稳定，直至1453被土耳其人所灭，其建筑在罗马遗产和东方丰富的经验之基础上形成了独特的体系。西罗马帝国于476年灭亡，西欧也进入长期的分裂状态，成立了许多独立的小国，社会由此也进入了封建时代，这时期欧洲处于基督教文化的严密统治下，建筑活动也深受其影响。宗教建筑在这一时期成了唯一的纪念性建筑，形成了建筑成就最高代表。西欧在中世纪的建筑历史主要分为早期基督教建筑（公元476年—9世纪）、罗马风建筑（9世纪—12世纪）、哥特建筑（12世纪—15世纪）3个时期。

第一节 早期基督教建筑

基督教在公元1世纪开始秘密流行于罗马帝国，但并没有得到国家的认可，宗教仪式在一种被称为“民古教堂”的秘密场所举行，后转入地下墓窟。直到公元313年，罗马颁布米兰赦令，宣布基督教合法，才由地下转为地面公开，并开始兴建基督教堂。但当时并没有自身的建筑传统，更多的是借用或改建罗马现成的建筑，其中最普遍的是对“巴西利卡”的改建利用。

“巴西利卡”是古罗马城市中非常普遍的建筑形式，呈长方形的大厅，纵向几排柱子将其分为几个长条空间，中厅较宽，两侧为较窄的侧廊。中厅比侧廊高出不少，利用高差两侧开窗采光，这种建筑物内部疏朗，便于群众聚集，适合基督教举行宗教仪式。改建后的“巴西利卡”，在一端用半穹顶覆盖的半圆壁龛为圣坛，前面设祭坛和歌坛。后随着信徒增多，仪式日趋复杂，为增加内部空间，营造更复杂的结构，在祭坛前增建一道横向的空间，在建筑平面上形成一个横向短而竖向长的十字形，称之为“拉丁十字式”。与此同时，罗马东部地区兴起“希腊十字式”，即横向和竖向长厅相等的十字形平面。

早期的基督教建筑外部形象处理得相对简朴，但内部采用色彩艳丽的壁画或彩色玻璃镶嵌画，较为富丽，给信徒营造出一种超越现实的空间氛围，拉丁十字式的早期基督教教堂形制为后世奠定了基调，流行于整个中世纪的西欧，其典型的例子是罗马城里的圣约翰教堂（313年）和罗马郊外的圣保罗教堂（386年）。

第二节 罗马风建筑

一、概述

罗马风建筑是9—12世纪西欧封建社会初期的建筑风格，宗教建筑仍然是其主体，体现在修道院和教堂的繁荣。10世纪后，欧洲历经几百年的战乱，分裂成10余个民族国家，社会秩序相对稳定，经济得以发展，市民们产生了用宏伟建筑物来荣耀自己城市的愿望。作为社会精神支柱的教会势力也得到了很大程度的发展，积累了大量财富，教会的势力和影响力不断扩大，教会通过宣扬“圣骸”和“圣物”的崇拜，掀起了圣地朝拜的热潮。为追求更加壮观的效果，此时修建的建筑物普遍采用类似古罗马的拱顶和梁柱结合的体系，并大量采用希腊罗马时代的“纪念碑式”

雕刻来装饰教堂，很多建筑材料直接取自古罗马废墟。因此，这个时代的风格被称为“罗马风”或“罗马式”。

罗马风建筑虽吸取了一些古罗马建筑风格，但其规模远不如古罗马建筑，同时也深受早期基督教建筑的影响。罗马风建筑在承袭早期基督教建筑的形式和技术过程中，一般是在门窗和拱廊上采用半圆形拱顶，以拱状穹顶和交叉拱顶作为内部支撑，并发展出复杂的骨架券。为解决拱顶横推力，还发展出扶壁和肋拱。这些都成为后来哥特式建筑的重要结构。

从外形上看，罗马式教堂具有封建城堡的特点，石墙很厚，窗户小，距地面较高，教堂前后往往配置碉堡似的塔楼，后来塔楼逐渐固定在西面正门的两侧，成为罗马式建筑的标志之一。而随着宗教仪式的复杂化和信徒的增加，罗马风教堂内部空间也日趋变大、变复杂。平面延续了拉丁十字的布局，一般都由高大突出的中厅、两个侧厅和横厅组成，彼此由墩柱分开。由于采光不足，中厅显得朴素、幽暗而神秘，与华丽的圣坛形成对比。

罗马风建筑发展到后期，各地建筑风格日趋统一，而且均向高大和减少封闭笨拙之感方向发展，采用各种雕刻和层层线脚减弱墙垣的厚重感，装饰也由简单的几何纹样和植物图案转化为圣者的雕像，突破了偶像崇拜的教条，束柱和肋骨拱强化了教堂内部的垂直构图因素，削弱了沉重感。罗马风的这些变化，最终演化出了直指苍穹的哥特式建筑。

罗马风建筑广泛分布在欧洲西部的基督教国家，法国的昂古莱姆主教堂和圣埃提安教堂、英国的达勒姆大教堂、德国的沃尔姆主教堂、意大利的比萨教堂都是其经典代表作。其中最著名的则是意大利的比萨教堂和它的建筑群，教堂的塔楼比萨斜塔因建于软湿性泥土层地基上而倾斜得厉害。

二、典型建筑（比萨大教堂）

意大利的比萨大教堂无疑是最完美、最著名的罗马风建筑。1063年，比萨海军在西西里岛附近击败了阿拉伯人，为了纪念这次战争的胜利，建设了比萨大教堂。大教堂由多组建筑组成，建造时间前后长达300年，其形式特征初期以罗马风为主，后来受到哥特式建筑的影响。

教堂主体建于1063—1118年和1261—1272年，采用拉丁十字平面，巴西利卡式大厅长达95米，西立面山墙上

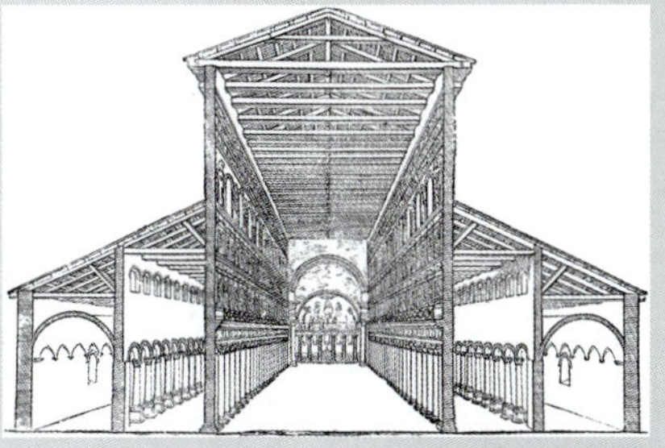

图3-1 巴西利卡

图3-2 罗马郊外的圣保罗教堂

图3-3 沃尔姆主教堂东北面全景

图3-4 沃尔姆主教堂西面双塔

部采用装饰性的叠柱式连续拱廊，形成鲜明的对比。建筑外墙采用白色大理石，每隔3层就加设一条深色大理石，这种砌筑方式在拜占庭建筑中经常使用。在屋顶的十字交叉部位，于1090年建造了一座平面呈椭圆形的小穹顶。在教堂的前方，于1153—1265年建造了洗礼堂。洗礼堂平面呈圆形，外面的柱廊与大教堂相呼应。在13世纪增加了哥特风格的装饰。14世纪时建造了洗礼堂的顶部，洗礼堂顶部朝向教堂的一侧为白色，背对教堂的另一侧则采用红瓦。在教堂的东南方，于1174—1271年建造了著名的比萨斜塔。比萨斜塔是教堂的钟楼，将钟楼与教堂主体分开是典型的意大利形制。由于地下土层发生塌陷，在钟楼建造到第三层时出现了倾斜，在建造过程中不断进行校正，因此，钟楼竖向高度并不是一条直线。14世纪时，又在7层斜塔上加建了一层钟楼。六层的透空曲券廊与实墙面形成强烈的对比，使斜塔具有既庄重大方，又空灵精细的造型特点。

图3-5 达勒姆大教堂

图3-6 比萨斜塔和比萨主教堂

图3-7 比萨斜塔和比萨主教堂鸟瞰

整个比萨大教堂建筑群采用相同形式的柱廊和外墙色彩，装饰型的砌筑方法也相同，从而使各个不同时期建造起来的建筑浑然一体。在蓝天绿地的映衬下，洁白高雅的建筑群仿佛是人间仙境。美中不足之处是洗礼堂的巨大体量和短粗比例破坏了整个建筑群的尺度感，其穹顶红白各半的色彩处理也有画蛇添足的感觉。

第三节 哥特式建筑

一、概述

公元12世纪后，西欧社会发生了很大改变，手工业和农业分离，商业逐步发展，艺术文化也有空前的发展。哥特式建筑登上了历史舞台。“哥特式”这个名词是后来文艺复兴时期艺术家因不喜欢这种中世纪建筑而采用的，意为野蛮，因为哥特人为“蛮族”日耳曼人的一支，但实际上，哥特人和哥特艺术关系不大。哥特式建筑不但不野蛮，而且是建筑史上一种伟大、影响深远的建筑风格。

随着封建王权的加强和经济的发展，基督教的影响也越来越大。之前相对闭塞的罗马风教堂建筑已不能适应其宗教传播的需要，在此基础上发展出了哥特式教堂建筑。哥特式建筑体量宏大，装饰精美，其震撼人心的空间效果能更强烈地渲染出浓厚的宗教气氛。

哥特式建筑首先从法国开始流行，后逐步扩散到欧洲各地。1140年开始法国圣德尼修道院进行了改建工程，首次系统使用肋穹结构系统，后历经百年发展，13世纪中叶渐趋成熟。巴黎圣母院（1163—1250年）是法国早期的哥特经典实例，标志着法国哥特风格的成熟。之后英国、意

图3-8 哥特式教堂的飞扶壁

图3-9 哥特式教堂的彩色玻璃镶嵌画

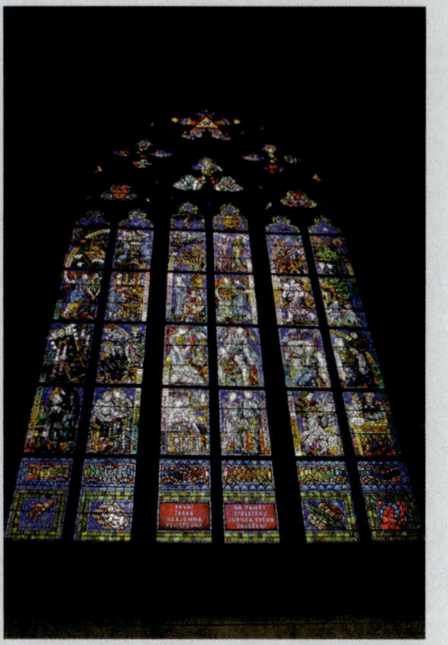
图3-10 夏特尔主教堂

大利、德国等也发展起杂糅了自己民族特色的哥特式建筑，产生一大批手法和技巧极为成熟、装饰精美的经典建筑。

哥特式教堂从整体到细部风格统一，充分体现出技术与神学、美学的结合。在结构上，哥特式建筑采用骨架券代替之前罗马式建筑的厚重拱顶，使拱顶厚度减薄，重量减轻，侧推力也小多了。骨架券把拱顶荷载集中到每间十字拱的四角，用独立的飞券在两侧凌空越过侧廊坊，落脚在侧廊外侧一片片横向的墙垛上，称为飞扶壁。侧廊由于不必承重，可大大降低高度，也可开出通透的窗户。承重问题的解决，使得建筑平面变化更加灵活，内部空间更整齐，这些革命性的结构措施是哥特式建筑获得独特形象的技术基础。

同时，哥特式采用尖拱代替了罗马建筑的圆拱，尖拱受力更合理，教堂结构设计更加灵活、轻巧，在结构、装饰、华盖、壁龛等一切地方，尖券都成为最重要的构件。与此同时，教堂内部的束柱和外部垂直线条的使用，以及高耸的尖塔和窗户，一起构成了一种强烈垂直升腾的感觉。

在装饰上，哥特式建筑也独树一帜，教堂的西立面形成了一种一对高塔夹着中厅山墙的纵3段的形制，山墙檐口的栏杆、入口门洞上方的雕饰以水平向的连贯形象把3段联系起来，入口尖券门框层层凹进，雕刻着线脚加以装饰，中央绚丽的圆形玫瑰窗象征着天堂。飞扶壁、拱肋，既是承重构件，也是装饰构建。被解放出来的原承重空间，可以用雕塑、彩色玻璃镶嵌画来装饰。哥特教堂巨大窗户的镶嵌画是美术史上具有重要影响的艺术品之一，几何图案和圣经故事是装饰主题，向人们宣传教义，窗户以红色和蓝色玻璃为主，辅以琥珀黄和绿色，当阳光从窗外投射进来，教堂内产生了一种绚烂迷离、宛若天国的神秘效果，符合宗教活动所需要的氛围。

巴黎圣母院是哥特建筑的早期代表，位于巴黎城中的岛上，整个建筑体现出宁静、沉着和庄严的氛围，具有哥特教堂典型的三段式立面、装饰语汇和结构特征。夏特尔主教堂被视为哥特风格发展过程中的关键性建筑，西立面下部呈现出罗马风特征，上部则为哥特风格，两座尖塔一为简单笨拙的八角形，属罗马风；另一座塔则玲珑剔透，是哥特式的。兰斯主教堂和亚眠主教堂是盛期哥特教堂的代表作。法国哥特教堂发展到晚期，装饰细部趋向精细甚至繁琐，尤其是花格玻璃窗的形式非常复杂，以双倍卷曲缠绕的图案为特色。

英国哥特教堂受法国影响很大，但也有自身的特色，在布局上呈现出不同于法国式统一的布局，而显散漫。在原有教堂的纵轴线增建一系列附加建筑是英国的特色，使教堂长度大为增加。在结构上比较突出的成就就是把拱顶处理得极为富丽，在肋料之间再加上小肋料，构成精美的图案。由于教堂建筑建造往往历时百年，甚至更长时间，因此同一教堂的不同部位常常出现不同时代的风格特征，例如索尔兹伯里主教堂和威斯敏斯特大教堂。

在德国，哥特教堂很早形成了自己的形制和特点。立面水平线被极度弱化，垂直线密而凸出，追求向上的感

图3-11 夏特尔主教堂正面彩绘玻璃窗外观

图3-12 兰斯主教堂

图3-13 亚眠主教堂

图3-14 索尔兹伯里主教堂

图3-15 威斯敏斯特大教堂

觉。科隆主教堂是欧洲北部最大的哥特式教堂，西面入口一对八角形塔楼高达150多米，教堂内外布满雕刻和小尖塔，具有强烈的垂直向上感。除双塔立面外，德国还有单塔式哥特教堂，乌尔姆主教堂的西立面是一座高耸的尖塔，高达161米，是世界上最高的教堂尖顶。

意大利的哥特风格比较保守，且主要分布在北部地区。意大利作为古罗马帝国的核心地带，始终难以摆脱古罗马建筑风格的影响，稳定、平展、简洁的性格一直保留，只是接受哥特式的繁琐垂直装饰和精美雕刻，正面没有高塔，而是采用屏幕式的山墙构图，尖券和半圆券并用，极少使用飞扶壁。米兰大教堂是意大利最著名的、规模最大的哥特式教堂，外观华丽，有造型各异的尖塔135座，高雅华贵。

西班牙的哥特教堂则结合了大量伊斯兰建筑的手法，采用马蹄形券、镂空石窗棂、大面积几何图案或其他花纹，形成独特的穆达迦风格。

二、典型建筑

1. 法国巴黎圣母院

巴黎圣母院建于1163—1250年，是第一个成熟的哥特式教堂实例。法国著名作家维多克·雨果在其名著《巴黎圣母院》中生动的描述，使其名扬海内外。巴黎圣母院是古老巴黎的象征，它位于塞纳河环绕的西岱岛上，这一区域曾经是巴黎的核心地带。1163年，教皇亚历山大三世和法国国王路易七世为新建教堂举行了奠基典礼。

教堂的平面非常简洁，十字形的两翼并没有凸出，狭长的中厅空间没有受到传统十字形平面中次要轴线空间的干扰，把哥特式建筑室内空间高耸与深邃的特点尽情展现出来。由于侧廊的高度较低，同中厅高度相同的侧面塔楼还是将其十字形平面展露无遗，可谓一举两得。中厅两侧设有两条双层侧廊，第二层侧廊宽度只是一层侧廊的一半，这样对外部的飞扶壁和支撑的墙墩毫无遮挡。中厅长约130米，高度达35米，可以容纳约9000人进行宗教活动。

教堂的立面保存了早期哥特式建筑简洁而理智的风格，西立面完全对称，高达69米的两座塔楼将立面垂直划分成3块，中间象征天堂，是直径达10米的玫瑰窗。上部镂空的装饰性拱廊和透视门上，28位古代以色列和犹太国王的雕刻所形成的水平条带，又将其有机联系起来。同时，也将立面沿水平方向划分为3段。严谨的构图使建筑形式井然有序，精美细致的雕刻又使建筑充满生动的细节。教堂的侧立面更能反映哥特式建筑的特点，一排排凌空飞跃的侧廊，跨度达15米的飞扶壁，像动物的骨骼一样强壮，支撑在建筑上。侧立面横向大厅的山墙上有上下两个玫瑰窗，下面的玫瑰窗直径达13米，彩绘玻璃镶嵌极为精美。巴黎圣母院在法国大革命和反基督教时期均遭到严重破坏，在十字形平面的交点处，90米高的尖塔是19世纪教堂修复时加建的。

2.德国科隆大教堂

位于德国科隆市中心的科隆大教堂是欧洲北部最大的教堂，也是德国最杰出的哥特式教堂。与法国哥特式教堂相比，科隆大教堂明

图3-16 乌尔姆主教堂

图3-17 米兰大教堂

图3-18 西班牙布尔戈斯大教堂（穆达迦风格）

图3-19 巴黎圣母院

图3-20 巴黎圣母院的玫瑰窗

图3-21 科隆大教堂正面

显加入了德国人特有的冷峻，因此，其哥特式教堂的风格也就更纯粹。科隆大教堂始建于1248年，1300年时，教堂主体部分基本完成，但直到1880年，其高达157米的双塔才最后建成。科隆大教堂因保存有“东方三博士”的遗骸而号称德国教堂之母。它与巴黎圣母院、梵蒂冈的圣彼得大教堂一起并称世界三大教堂。

耗用16万吨的石头，历时500余年才最后完工的大教堂，东西长144.55米，南北宽86.25米。中厅长135米，高近46米。束柱从地面直达拱顶相交处，中间没有任何停顿，显得更加峻峭挺拔。教堂四周有面积达1万平方米的彩绘玻璃画，在阳光的照射下，绚丽多彩。高达157米的双塔仿佛是一对已经点燃的火箭，蓄势待发。所有建筑构件都被雕刻得玲珑剔透，极尽空灵，仿佛那不是粗笨的石料，而是铁铸的花格，甚至是植物的藤蔓，工艺极其精湛。科隆大教堂的高塔成为这个城市的象征，其中所蕴含的德意志民族的精神也使其成为德国古代建筑的纪念碑。

第四节 拜占庭建筑

一、概述

拜占庭文化在继承古希腊和罗马文化的基础上，与代表中东文明的波斯、两河流域等地文化相互交融影响，形成了独特的文化体系拜占庭建筑体系经过与东方文化的长期融合，创造出了“穹顶—鼓座—帆拱”的一整套结构体系。在西欧哥特式建筑尚未出现前，拜占庭的建筑就已经创造出能够在世界建筑史上占据一席之地的成果。4—6世纪是拜占庭建筑的前期，东罗马帝国动用大量人力、物力，不断扩建君士坦丁堡。6世纪中期，建造了体量庞大的纪念性建筑物来体现帝国的鼎盛。7世纪，帝国国力衰败，建筑活动减少。12世纪，该地区的建筑形制和风格趋向统一，并随东正教的传播在东欧地区产生了深远影响。

拜占庭建筑的代表是东正教教堂，东正教不像流行在西欧的天主教那样重视圣坛上的神秘仪式，而是宣扬信徒之间的亲密一致。集中式的教堂内部空间的向心性和圣坛与信徒的接近，符合东正教要求，因此集中式建筑物在该地区逐步发展成熟，形成一套“穹顶—鼓座—帆拱”的体系。拜占庭建筑的主要成就就是在罗马拱顶的基础上，创造出了帆拱，把穹顶支撑在4个或者更多的独立支柱上的结构方法，解决了方形平面上盖穹顶的承接过渡问题。其做法是，在4个柱墩上，沿方形平面的四边发券，在4个券之间砌筑以方形平面对角线为直径的穹顶，穹顶的重量完全由4个券来承担，后又发展了在4个券的顶点上做水平切口，在切口之上再砌半球形穹窿，以及在水平切口上砌鼓座，穹窿安放在鼓座之上的技术。帆拱的发明为穹顶技术的发展掀开了新的一页，在构图上更容易获得以穹顶为中心的灵活多变的效果，对欧洲宗教建筑和纪念性建筑的发展产生了巨大影响。

为解决平衡中央穹顶的侧推力，工匠们在四面对着帆拱下的大发券砌筒形拱来抵挡穹顶的推力，筒形拱支撑在下面两侧的发券上，靠里面一端的券脚就落在承架中央穹顶的柱墩上，这样外墙完全不必承接侧推力，内部也只有支承穹顶的4个柱墩，无论内部空间还是立面处理，都自由灵活多了。也有在4个角上用更低的穹顶或拱顶覆盖，再抵消4个拱顶的侧推力，整个教堂结构联系成一个整体。

拜占庭建筑内部装饰豪华富丽，与朴素的外观形成对比，彩色大理石被用来贴在室内的墙壁上，而拱券和穹窿的表面则饰以马赛克或粉画。拜占庭建筑中的镶嵌画法达到了极高的水平，通常用贴金箔的小玻璃镶成，整个镶嵌画统一在金黄色调中，使教堂内部具有高贵的格调。

圣索菲亚大教堂是拜占庭建筑中规模最宏伟的建筑，是拜占庭帝国的象征，建于532—537年，大教堂无论从外观看还是从内部看，都给人以方圆契合、自然和谐的美感。

圣马可大教堂位于威尼斯，威尼斯当时是拜占庭帝国的一部分。该教堂建于11世纪，平面为希腊十字，脱胎于君士坦丁堡的圣使徒教堂，正立面有5道雄伟的拱门，中间尺度较大，从上至下有3层连续的半圆形，分别是穹顶、半圆形山墙和5个连续的半圆形拱门。拱门讲究层次和进深感。内部有5个穹窿，中央和前面的较大，直径为12.8米，穹窿由柱墩通过帆拱支承。教堂内部空间丰富多变，由5个穹窿所覆盖的空间融合为一个统一空间，之间用筒形拱连接。室内装饰极尽奢华，拱券和穹窿装饰着金底彩色镶嵌画。圣马可大教堂是拜占庭建筑风格在西欧的典型实例。

随着东正教的传播，拜占庭集中式构图的教堂在俄罗斯、罗马尼亚、保加利亚、塞尔维亚等国家流行开来。这

图3-22 科隆大教堂内景

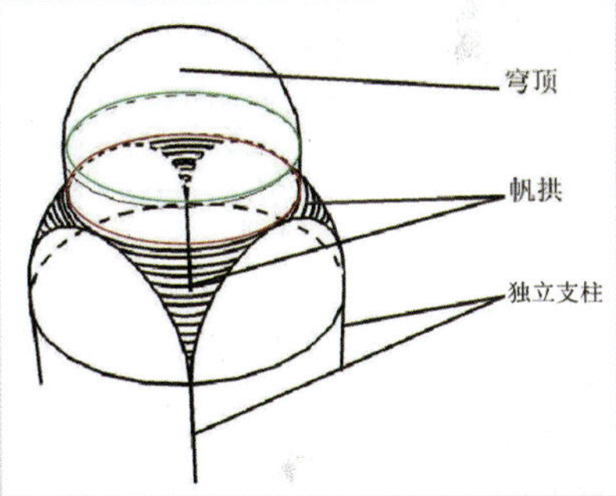

图3-23 帆拱示意图

图3-24 拜占庭建筑内部

图3-25 圣马可大教堂及圣马可广场

图3-26 基辅的圣索菲亚教堂

些国家结合自身的文化和自然环境特点，发展出有自身特色的建筑形式。俄罗斯与拜占庭帝国历史文化渊源很深，拜占庭建筑对其产生了极大影响，由于地处寒冷的高纬度地区，常年的积雪使浅圆顶荷载过重，俄罗斯人逐渐使用浑圆饱满的洋葱形圆顶（或称战盔式穹顶）替代了浅圆顶，又发展了自己民族特色的帐篷顶式样。

二、典型建筑

圣索菲亚大教堂位于现今土耳其的伊斯坦布尔，建于532—537年。532年，平民暴动焚毁了君士坦丁堡包括皇宫在内的大量建筑，圣索菲亚大教堂也未能幸免。在暴动平息后仅仅40天，查士丁尼大帝就着手圣索菲亚大教堂的重建，他从小亚细亚召集了当时最著名的建筑师安泰米乌斯和伊西多尔负责教堂的设计和建造，查士丁尼大帝本人也亲自参与大教堂的设计。

圣索菲亚大教堂采用帆拱无疑是建筑技术上的进步，但将这种技术应用到如此巨大的建筑上，也冒了极大的风险。在大穹顶的东、西两侧分别用半个穹顶来平衡侧向推力，而南、北两侧则由4个长18.3米，宽7.6米的墙墩来化解，这样层层抵消，形成了一个完整的平衡体系。

圣索菲亚大教堂东西长77.1米，南北宽71.7米。教堂中间的核心空间长68.6米，宽32.6米。穹顶的直径为33米，中心高度约60米。由于采用肋架券作为穹顶结构的受力主体，穹顶的重量比较轻，肋架券外侧的围护结构主要承受自身的重量，附加的荷载比较小，所以在穹顶的根部，肋架券之间开设了40个窗子，这种效果只有在完全框架化的肋架券结构中才可以实现，也打破了许多传统的理念。在光线的作用下，穹顶仿佛飘浮在空中，夕阳西下时，窗子投射下来的光线就像是悬挂在天空高处的一条金链。

圣索菲亚大教堂内部装饰虽然非常华丽，但都是平面状态的，不像万神庙有明显的凹凸和光影变化。众多穹顶和拱顶的空间都是开放的，它们流动贯通，高低大小变化丰富，主次分明，最后由中央大穹统率全局。

圣索菲亚大教堂动用了一万名工匠，耗资折合14.5万公斤黄金。1453年，攻克君士坦丁堡的土耳其人捣毁了许多东正教堂，但它们却被圣索菲亚大教堂深深吸引，后来将其改成清真寺，在四角上加建了呼唤穆斯林按时举行礼拜的“邦克楼”

出于对圣索菲亚大教堂的敬仰，后来土耳其人在君士坦丁堡模仿圣索菲亚大教堂又建造了4座大清真寺，其中最著名的是蓝色清真寺。

图3-27 圣索菲亚大教堂

图3-28 圣索菲亚大教堂内景

第四章　文艺复兴建筑

第一节 文艺复兴建筑概述

文艺复兴是指14世纪到16世纪欧洲国家在文化思想发展中的一个时期。“文艺复兴”原意就是“在古典规范的影响下，艺术和文学的复兴”，但其实际含义要宽广得多。在历经上千年的封建教会的统治之后，新兴的资产阶级开始觉醒，利用古典文化作为武器，在宗教、政治、思想、文化等各个领域与封建制度进行了激烈的斗争。文艺复兴是欧洲历史的一个伟大转折时期。

14世纪以后，在意大利的一些城市，资本主义开始萌芽并逐步壮大，成为新兴的政治力量，他们认为中世纪是黑暗的，文化是倒退的。人们开始挣脱教会精神上的奴役，肯定现实生活意义，提倡人权，反对神权。文艺复兴从最初从文学领域产生，后逐渐影响到绘画、雕塑、音乐等领域，而建筑文化也充分学习古代建筑传统，批判中世纪建筑文化，充分利用当时科学技术和人文艺术的成就，谱写出西欧建筑史中最灿烂的篇章。

欧洲文艺复兴建筑发源于意大利，中心也在意大利，而标志意大利文艺复兴建筑史开始的是佛罗伦萨主教堂的穹顶，是由布鲁内列斯基设计和建造的，被誉为“文艺复兴的报春花”。设计者学习和借鉴了古罗马的形式以及拜占庭、哥特建筑的结构，建成大穹顶，古典语言的使用，突破了教会精神的专制，改变以垂直为特征的哥特式建筑一统天下的格局，为后续文艺复兴建筑树立了标杆，也是文艺复兴时期独创精神的标志。

作为早期文艺复兴建筑设计的伟大先驱者，布鲁内列斯基还设计建造了包括佛罗伦萨育婴院、圣洛伦佐教堂、巴齐礼拜堂等划时代作品。佛罗伦萨育婴院是一座四合院，正立面采用古典手法，底层为科林斯柱式的半圆券廊，轻快而明朗，二层开窗较小，有细巧线脚的窗套，檐口采用轻薄的水平线条和连续的拱券风格协调，构图简洁，比例匀称，与繁复的中世纪建筑形成鲜明比照，具有一种平易近人的风格和浓厚的人情味。从育婴院我们可知，世俗性建筑的逐步兴盛和人文主义在建筑设计中的渗透。

阿尔伯蒂是佛罗伦萨另一艺术巨匠，他在建筑实践与理论研究都做出了巨大的贡献。阿尔伯蒂设计了鲁切拉府邸和佛罗伦萨圣玛利亚大教堂等经典建筑。在鲁切拉府邸这座建筑中，他首次将古典柱式改造成壁柱，并且将外部装饰和建筑结构分开来设计，是为“手法主义”之滥觞，其外部采用的“粗面石工”工艺也为后世所模仿。圣玛利亚教堂的立面分两层，底层采用连续拱，上层以较狭窄的古希腊式山墙为中心，中心为玫瑰花窗，两侧采用涡卷式结构，这种范式成了后世巴洛克建筑模仿的对象。

佛罗伦萨美狄奇府邸也是文艺复兴的代表性建筑，设计者为米开罗佐，采用粗犷的大石块砌筑，沉重封闭，威严高傲。从外表看，底层石块经过粗略凿制，起伏达20厘米，砖缝也很宽，给人非常粗犷稳固的感受，二层石块略平整，砖缝仍宽，到了第三层，表面光滑且无缝，由下及上形成一个逐渐变化的过程，增强了建筑材料的表现力，也为后世所效仿。

后因战乱，佛罗伦萨逐渐失去了经济、文化中心的地位，中心转向了教皇所在地——罗马，文艺复兴建筑的盛期也随之到来。建筑活动随着艺术家、建筑师的集中在罗马繁荣起来，并以罗马为中心传播到欧洲各地。与早期文艺复兴有所不同的是，在教会影响下，成就最大建筑是教

图4-1 佛罗伦萨育婴院

图4-2 佛罗伦萨圣玛利亚教堂

图4-3 鲁切拉府邸

图4-4 佛罗伦萨美狄奇府邸

图4-5 坦比哀多

堂建筑，而非世俗建筑。

盛期文艺复兴的纪念性风格代表作是罗马的坦比哀多（1502—1510），修建在彼得修道院的院子内，体量不大，是座小神庙，为集中式圆形建筑物，外墙直径6.10米，外围中一圈16根似多立克柱廊，但比多立克细巧精致，上部为穹顶，外围围栏，上下两层饰以雕刻。集中式的形体，饱满的穹顶，圆柱形的神堂和鼓座，外加柱廊，使得建筑层次丰富又具统一性，该建筑的设计者为伯拉孟特。

最能代表盛期建筑成就的是于1506起开始修建，历时百余年建成的罗马圣彼得大教堂，这是世界最大的教堂建筑。该教堂的设计与施工凝聚了10余位文艺巨匠的心血，包括伯拉孟特、米开朗基罗、拉斐尔等，而教堂广场则是由巴洛克风格鼻祖贝尼尼设计。

米开朗基罗为文艺复兴三杰之一，是伟大的画家、雕塑家，同时也是伟大的建筑师。除了参与圣彼得大教堂的设计与施工之外，他还为美狄奇家族设计了陵墓和劳伦齐阿纳图书馆，后居罗马，设计了罗马的卡比多广场等著名建筑。如同他的雕塑和绘画作品一样，米开朗基罗的建筑作品被赋予了激越的热情，建筑层次丰富，立体感强，变化剧烈，风格刚劲有力，富有创造性。

作为意大利文艺复兴晚期的建筑大师和代表人物，帕拉第奥长期深入研究罗马建筑，作品严谨、冷静、比例和谐庄重。其代表作品位于维琴察的圆厅别墅，主体平面呈正方形，长43米，高23米，4个立面均有一座希腊神庙式门廊，6根爱奥尼圆柱支撑三角形山花，整座建筑向人们展示了纯几何形状的构图美，主次分明，严谨而大方，用色素雅，透露出一种矜持与庄重的气质，以及隽永的田园诗意。帕拉第奥还创造了一种新的拱与柱的结合方式，即在建筑外开间中央按适当比例发一券，把券脚落于两根独

图4-6 圆厅别墅

图4-7 帕拉第奥母题

图4-8 圣马可广场

图4-9 商堡府邸

图4-10 枫丹白露宫

立的小柱子上，小柱子距大柱子1米多，上面架设额枋，额枋开圆洞以减少承重，这样原有一个大开间分成3个小开间，在构图上虚实相间，主次分明，加强了层次感，这种构图被称为“帕拉第奥母题”。

意大利文艺复兴后期只在北部的威尼斯、维琴察等地区延续，威尼斯的圣马可广场是文艺复兴时期广场建筑的代表作，被称为“欧洲最美丽的客厅”。广场包括大小两个梯形广场，并相互垂直，中间以大钟楼分隔，大广场主要有拜占庭的圣马可大教堂、哥特式的大钟楼、市政大厦，小广场则由哥特式的总督府和圣马可图书馆组成。

16世纪前后，文艺复兴风格从意大利传播开来，对尼德兰、法国、西班牙和英国等产生了广泛影响。法国文艺复兴风格建筑有两个特点，一是把文艺复兴建筑的细部装饰应用到哥特式建筑上，二是这种手法主要用于宫殿、府邸和民居等世俗建筑之上，著名建筑有商堡府邸、枫丹白露宫等。商堡府邸在平面布局上保持了中世纪传统，有角楼、护壕和吊桥，层次高低参差，密布300多个烟囱、尖塔和天窗，而对称的构图、墙面上水平方向的划分和细部线脚处理都是文艺复兴式。其他国家比较有代表性的文艺复兴风格建筑还有德国的慕尼黑博物馆和不来梅市政厅、西班牙的太子宫和英国的哈德威克府邸等。

文艺复兴时期的建筑在人文主义思想的指引下，将建筑的中心由教堂转到府邸、别墅、市政厅等世俗建筑之上，提倡复兴古罗马的建筑风格，用半圆形券、厚石墙、圆形穹窿、水平向的厚檐等形式来对抗尖券、尖塔、垂直向上的束柱、飞扶壁等哥特式风格。该时期建筑一般尺度宜人，追求水平和垂直方向的一种平衡，轮廓上讲究整齐、统一与条理性。同时期文艺复兴建筑也是建筑技术的一次复兴，出现了专门培养建筑师的教育机构，带来了建筑理论研究的兴盛，产生了一批极具影响力的建筑学巨著，如阿尔伯蒂的《论建筑》、帕拉第奥的《建筑四书》等。

第二节 文艺复兴建筑实例

1. 佛罗伦萨主教堂

标志着意大利文艺复兴建筑开端的，是佛罗伦萨教堂的穹顶，它被誉为“文艺复兴的报春花”。佛罗伦萨主教堂始建于1296年，是意大利最有代表性的哥特教堂之一。但其正殿八边形歌坛上方的穹顶却由于受到技术条件的限制，一直没有盖起来。1420年，通过设计竞赛，金匠、雕塑家和建筑师菲利普·布鲁内列斯基的方案被采用，并由他负责督建。布鲁内列斯基创造了一套替代拱架的系统，它具有4个重要特点：一是穹顶与平券牢固连接，用混凝土浇灌房顶；二是用中空的两层外壳来尽可能减轻自重；三是效仿哥特肋骨拱的做法，外层穹骨由24根肋骨拱组建而成；四是由矢形的尖拱代替圆拱。他还在关键点上用一系列加强支撑力的链条把木箍筋或石箍筋联系在一起，并用砖石建造的小圆顶来压顶。该穹顶内径42米，高30多米，类似拜占庭建筑，建在高12米的八角形鼓座上。可以说，布鲁内列斯基学习和借鉴了古罗马的形式和拜占庭、哥特式建筑的结构，并进行了创新，还很好地解决了穹顶排水、采光、抗风、抗震等问题。这座穹顶的建成是建筑领域突破教会精神专制的标志，也是文艺复兴时期独创精神的标志。

2. 罗马圣彼得大教堂

圣彼得大教堂（1506—1626年）是这时期的代表性建筑物，也是世界上最大的教堂。

重建圣彼得大教堂的计划是从1452年教皇尼古拉五世开始的。但是教皇尼古拉死后，这个计划被搁置了将近50年。16世纪初，教皇尤利乌斯二世为了重振已分裂的教会，决定重建这个教堂，并要求它超过最大的异教庙宇——罗马万神庙。1505年举行了教堂的设计竞赛，选中了伯拉孟特的设计方案，并决定1506年动工。

伯拉孟特抱着为历史建筑纪念碑的宏愿进行这项工作。他毅然放弃了传统的巴西利卡式形制，从“异教”庙宇和拜占庭的东正教教堂吸取了集中式的形制，在内外都力求明朗和谐，竭力避免神秘。

伯拉孟特设计的教堂，平面是正方形的，在这正方形中又做了希腊十字。希腊十字正中间，用穹窿顶覆盖，正方形4个角上又各有一个小穹顶。4个穹顶衬托着中央的大圆顶，成为教堂最主要的轮廓线。大圆顶的鼓座周围有一圈柱廊。希腊十字的4个端点的墙向外成半圆，在立面上凸出来，4个立面都是一样的，不分主次，立面虽然有中心，不过不强调。教堂内部空间设计得极大胆，互相穿插，富于变化，结构轻而开朗。

1514年，伯拉孟特去世后，大教堂由拉斐尔、伯鲁齐、小沙迦洛负责建造。可是，前后经过30年，建筑工程

图4-11 不来梅市政厅

图4-12 英国的哈德威克府邸

图4-13 佛罗伦萨主教堂

图4-14 佛罗伦萨主教堂的穹顶

图4-15 圣彼得大教堂及广场

并没有什么进展。

1547年，米开朗基罗接受了这项工程的任务，他设计建造的穹窿顶向上微微拉长，饱含张力、富有弹性，它的一根根肋架更加强调了这种印象。鼓座上成对的壁柱和肋架相呼应，看起来顶子很稳当地坐在建筑上。在这个穹窿顶工程进行的时候，米开朗基罗逝世了，由泡达和芳达纳接手。为了使这个直径达42米的穹窿顶更加牢固，他们和后继者波利尼在底部加上了8道铁链子，1564年维尼奥拉又设计了大穹窿顶旁边4个角上的小穹顶。

大穹窿顶内部顶高123.4米，外部顶点离地面137.8米，是罗马城最突出的建筑物和制高点。如果按照原定的希腊十字架平面建造，教堂必将是很壮丽的。但是，不久就开始了天主教会特别反动的时期，疯狂的镇压宗教改革。教皇保罗五世决定把希腊十字改为拉丁十字平面，迫使建筑师玛丹纳又在前面加了一段巴西利卡式大厅，以致在教堂前面相当长的距离内看不见完整的穹窿顶，完全破坏了圣彼得大教堂的轮廓线。

最后由贝尼尼在1655—1667年建造了杰出的教堂入口广场，由梯形和椭圆形平面组合而成。椭圆形平面的长轴宽195米，由284根塔司干柱子所组成的柱廊环绕着。广场的地面略微有一定坡度。

教堂完成的平面是拉丁十字形，外部共长212米，翼部两端长137米。大圆顶直径42米，内部墙面应用各色大理石、壁画、雕刻等装饰，穹窿顶上有天花。外墙面则应用灰华石与柱式装饰。

虽然这个教堂集中了许多著名匠师的智慧，有一定的成就，表现了雄伟华丽的外观与庄严神圣的气氛，但是毕竟受到当时教会思想的制约，因此还存在着不少缺点。例如，由于后来加建的门廊，改变了整个建筑物完整的造型和比例；圆顶退后了，从广场上看穹窿顶被前面长厅遮住了一大部分，失去了应有的透视效果；教堂的整个建筑细部尺度过大，导致其巨大雄伟的印象只有在和人比较时才感觉得到；建筑物的内部设计也缺乏整体性和统一性，主要是过分的装饰、雕刻破坏了建筑的造型；雕刻没有安置在框子或壁龛内，伸出手脚，破坏了建筑安静的感觉。

尽管它有不少的缺点，但是由于这个教堂的建筑规模巨大，造型豪华，装饰丰富，仍然是世界上最雄伟的教堂。

图4-16 圣彼得大教堂的大穹窿

图4-17 圣彼得大教堂内部

第五章 17—18世纪欧洲建筑

16世纪末，随着文艺复兴思潮的逐渐衰退，宗教改革运动的失败，教会势力重新扩大了影响。在意大利，为吸引更多教众，教会营建了众多形式新奇、豪华壮丽的教堂建筑，被称为巴洛克风格建筑。到了17世纪中叶，法国成为最强大的中央集权王国，为彰显绝对君权，建筑风格上发展出了严谨、宏大的古典主义风格。17世纪末到18世纪初，随着资产阶级力量的不断壮大，法国王权威严丧失，意志消沉的贵族开始钟情于逍遥放纵的生活，而一种靡丽媚人的室内装饰风格出现在法国宫中，称为洛可可风格。

第一节 巴洛克建筑

一、概述

意大利文艺复兴晚期，宗教势力重新抬头，罗马教廷威势得到了强化，而且积累了大量财富，为新一轮建筑活动奠定了物质基础。但经过了文艺复兴的洗礼，社会宗教氛围大大减弱，为吸引更多宗教信徒，满足教众对现实审美的欲望，教会也开始对世俗观念妥协，建筑艺术不再像之前那样具有强烈的精神攻击性，变得世俗化，切合民众的生活情调。皇室贵族追求享乐的需求，使充满装饰意味和豪华色彩的巴洛克艺术应运而生。相对法度严谨的文艺复兴式建筑，巴洛克风格的建筑开始受到人们的喜欢，并在建筑史上产生了重大影响。

巴洛克一词源于葡萄牙语，意为“奇形怪状的珍珠”，在法语和英语中的拼写都为“Baroque”，被引入艺术领域后，成为绘画、建筑、音乐和戏剧的一种艺术风格。巴洛克风格最早出现在罗马耶稣会教堂建筑，其主要成就反映在教堂和宫殿的建筑和装饰上，具有气势雄伟、生机勃勃、强烈奔放的特征。在造型上，大量采用椭圆平面布局、曲线和漩涡形，注重形态上的变化和动态。色彩运用大胆奔放，意境上富于想象力，充满浪漫主义和神秘的色彩。

一般都认为由维尼奥拉设计的罗马耶稣会教堂的立面是第一座巴洛克建筑，它借鉴了阿尔伯蒂设计的佛罗伦萨圣玛利亚教堂的处理方式。但细部表现出巴洛克的常用手法，如成双的壁龛、重叠的山花、起伏的檐口、巨大的涡卷，为后世建筑师广泛效仿。

波洛米尼和贝尼尼两位建筑艺术巨匠共同代表了巴洛克艺术的最高成就。波洛米尼的建筑作品喜欢使用凹凸多变的曲线，从整体布局到细部安排都独出心裁。圣卡罗教堂是波洛米尼的代表作之一，立面上的中央一间凸出，左右两面凹进，均用曲线，形成一个动态十足的波浪曲线，圆形壁柱与立面起伏相互配合，檐部波动弯曲，交错变化。教堂内部设有椭圆形穹顶，穹顶风格变化而统一，光线从顶上照入，室内幽暗神秘，内部空间采用椭圆形，装饰有圆柱的壁龛和凹间使空间很复杂，变化丰富。

图5-1 圣卡罗教堂

图5-2 纳沃那广场

图5-3 四河喷泉

图5-4 十四圣徒朝圣教堂内景

图5-5 梅尔克修道院教堂内景

图5-6 维也纳帝国图书馆

贝尼尼多才多艺，身为雕塑家和建筑师，他喜欢用雕塑艺术的眼光来处理建筑问题，建筑作品显示出巴洛克艺术的综合性、豪华性、装饰性和戏剧性。其代表作品有圣彼得大教堂广场、纳沃那广场。圣彼得大教堂广场是巴洛克最重要的广场，广场由梯形与椭圆形广场复合而成，整个布局宏大豪华，与圣彼得大教堂穹顶彼此呼应，极有气势。

纳沃那广场为长方形，一个长边上立着由波洛米尼设计的圣阿涅斯教堂，另有3座著名的喷泉，分别是四河喷泉、尼普顿喷泉和摩尔人喷泉。四河喷泉由贝尼尼设计，主体由4座男子雕像环绕一座方尖碑构成，4座雕像分别代表世界上4条河——尼罗河、恒河、多瑙河和拉普拉多河，是3座喷泉中最有名的，造型雄伟有力，气势磅礴，人物雕像动感强烈，体现了巴洛克的动态之美。

巴洛克建筑发端于罗马城，由于教会的大力提倡，迅速传遍意大利，影响到欧洲各地，甚至流传到了美洲殖民地。

德国巴洛克式教堂外观简洁雅致，造型柔和，装饰不多，外墙较平坦，同自然环境相协调，而内部装饰则十分华丽，图案多用自由曲线，造成内外的强烈对比，代表建筑主要有班贝格郊区的十四圣徒朝圣教堂和罗赫尔的修道院教堂。奥地利的巴洛克风格由德国传入，其典型建筑有梅尔克修道院教堂和维也纳帝国图书馆。外表相对简洁，内部与天花都布满浮雕装饰，到处都是椭圆形、波浪形的曲线和曲面，色彩绚丽夺目，富丽而华贵。西班牙是当时的欧洲霸主之一，巴洛克风格在这里得到欢迎，发展出独特的特色，造型自由奔放，装饰繁复，富于变化。圣地亚哥大教堂是西班牙巴洛克建筑的典型实例，随着殖民地的扩张，这种风格也被西班牙传播到世界许多地方。法国当时流行的是体现君权统治威严的古典主义风格，但巴洛克风格对其也有所渗透，影响主要体现在对建筑局部尤其是室内装饰方面。

巴洛克风格所具有的热情、奔放和富丽堂皇的特点，对世界范围内的建筑设计影响深远，具有强大的生命力。

二、典型建筑

罗马耶稣会教堂先后由两位著名的建筑师设计完成。1568年就开始建设的罗马耶稣会教堂起初是由文艺复兴鼎盛时期的建筑师维尼奥拉负责设计，他的设计方案很好地解决了集中式建筑的平面形式与天主教巴西利卡式传统空间形式无法融合的问题，以及难以容纳众多信徒的难题。建筑的中厅采用巴西利卡式的形式，这样不仅能容纳更多的信徒，而且可以形成朝向圣坛的长长祈祷队列，以表现出教堂内部独特的氛围。与传统的形式相比，教堂的中厅进深较短，而宽度较大，这样，当人们进入教堂后，视线就会迅速地被中厅后方穹顶下高大的空间所吸引。中厅顶部为筒形拱，两侧没有侧廊，只建有几个小祈祷室，这种空间布局形式在后来巴洛克风格建筑中被大量采用。最初教堂室内比较简朴，经过后来的改造，已经完全变为巴洛克风格。

维尼奥拉去世时，教堂还没有最后完工。教堂的立面部分是由波尔塔完成的，也正是波尔塔设计的立面使耶稣会教堂在建筑历史上处于更为重要的位置，有人称其为“第一座巴洛克风格的建筑”。1537—1584年建成的西侧立面虽然还属于文艺复兴晚期的风格，但已经开始明显显露出巴洛克建筑的形式特征和设计手法，例如成对排列的方形壁柱、重叠的山花、起伏的檐口，以及连接建筑主体高低跨的巨大涡卷都成为后来巴洛克建筑大量使用的设计元素。

第二节 古典主义和洛可可建筑

一、概述

17世纪下半叶，法国封建王权发展到顶点，成为欧洲最强大的中央集权王国，进入了绝对君权时代。王权的强

图5-7 圣地亚哥大教堂

图5-8 圣彼得大教堂广场全景

图5-9 圣彼得大教堂广场柱廊

图5-10 罗马耶稣会教堂立面

图5-11 维康府邸

图5-12 卢浮宫及玻璃金字塔夜景

图5-13 恩瓦利德新教堂

图5-14 协和广场

大，资产阶级的兴起，城市经济的活跃，使世俗文化进一步发展。而为了标榜绝对君权和鼓吹唯理主义，在宫廷大力提倡象征中央集权有组织、有秩序的古典主义。在建筑方面，他们崇尚古希腊、古罗马的建筑风格，发展出一种严谨、宏大的古典主义建筑风格。

古典主义强调建筑表现王权、展示专制国家的力量，严正、高贵、神圣，具有宏大的气魄，渗透一种理想的英雄主义情绪，讲究严格对称，表现出一个集权王朝要绝对控制自己领地的欲望。与同时期的巴洛克建筑不同，古典主义建筑有它自己明确而统一的理论，强调唯理论、讲究比例、几何构图，“美产生于度量和比例”，艺术需要有严格、明确、清晰的规则和规范，否认自然美和感情美，不依赖于经验、感觉和习惯，倡导理性，反对表现感情与情绪。其建筑设计往往以古典柱式为构图基础，突出轴线，强调对称、注重比例、讲究主从关系，并发展了一种“横三竖五”的构图，即把建筑物立面上下分3段，左右分5段，都以中央一段为主，予以突出，使得构图完整统一。

维康府邸是早期古典主义的代表建筑，同时也是把古典主义原则贯注到园林艺术中取得巨大成功的实例。府邸坐落在一座人工形成的“岛屿”上，采用对称布局，突出轴线，周围是大面积的园林，建筑中心部分是椭圆形大厅，上覆穹顶。正立面采用古典的水平线脚与柱式，整座建筑造型严谨。周围的园林由精细的几何形分隔控制，规整的绿篱勾画出花坛的轮廓，草地、花畦、水体均呈对称式的几何形，体现了古典主义的理性。

代表法国古典主义建筑最高水准的是宫殿建筑，卢浮宫、凡尔赛宫是那个时期重要的标志性建筑。位于巴黎西部的卢浮宫，是举世闻名的艺术圣殿，是欧洲最壮丽的宫殿之一，始建于13世纪，到路易十四时期才全部建成。卢浮宫东立面完整体现了古典主义建筑的各项原则，构图采用横3段、纵5段的手法，造型简洁洗练，层次丰富，风格雄健。凡尔赛宫是欧洲最大的王宫，是法国绝对君权时期最重要的纪念性建筑。王宫平面主要包括宫殿、花园与放射性大道3部分，园内道路、树林、水池、亭台、花圃、喷泉均呈几何形，体现其规划的特色，整个布局严谨有序，成为一个有机整体，其总布局对欧洲城市规划很有影响。

法国古典主义从世俗建筑中产生，但也对宗教建筑产生了影响。由阿·孟莎设计的恩瓦利德新教堂，是一个完全的古典主义建筑，采用希腊十字式平面集中构图，外形简洁，几何性明确，庄严而和谐。

图5-15 斯坦尼斯拉斯广场

图5-16 旺多姆广场

图5-17 圣保罗大教堂

图5-18 冬宫

在17、18世纪，法国各地还建造了一批具有古典主义色彩的城市广场，如巴黎的旺多姆广场、协和广场和南锡市中心广场群，这些广场的规划设计均体现了古典主义所崇尚的理性和秩序。

古典主义源于法国，同时也被欧洲其他国家效仿。圣保罗大教堂是英国古典主义特征明显的建筑，其双层立面的灵感来自于卢浮宫东立面，但西面一对钟塔则是巴洛克风格。俄罗斯的古典主义建筑立面处理显得复杂和凌乱，与巴洛克手法混合使用，圣彼得堡的冬宫和冬宫西面的海军部是其典型建筑。

到了17世纪末和18世纪初，随着资产阶级力量进一步加强，绝对君权时代积累下来的危机逐步显露，国家经济出现衰退，加上对外战争的接连失利，王权政治的权威遭到了大大削弱，贵族们意志消沉，开始追求安逸享乐的生活。路易十五时代的宫廷文化反对古典主义时期过于刻板严肃的风格，提倡轻松自由，一种靡丽媚人的艺术风格由此产生，即“洛可可”风格。

洛可可风格的特点是纤细、轻巧、华丽和繁缛的装饰性，造型上多用C形、S形和涡卷形，色彩甜美柔和，艳丽浮华。

同时期东方艺术在法国也大行其道，洛可可建筑又充斥着中国情调。

洛可可多采取委婉的波状曲线，波及的幅度比巴洛克小，室内装饰多以贝壳、藤蔓、卷叶和花卉为主题。喜用青、黄和娇嫩的色调，极具享乐意味。在审美趣味上，巴洛克具有雄伟磅礴的气魄，讲求富丽堂皇、奇形怪诞；洛可可追求的是柔美轻佻，讲求的是小巧玲珑，光滑润洁。前者趋向壮美，后者趋向秀美，因此有人说，雄心大志多出巴洛克，享乐多出洛可可。

洛可可风格在建筑方面主要表现在府邸的室内装饰上，这时期的城市广场格局和风貌也跟着发生变化，造园艺术趋向自然化而摒弃几何化。

在建筑设计上，法国的皮埃尔·勒波特尔被称为洛可可之父，在宫殿宅邸等建筑的装饰设计上体现了全新的艺术风格。由勃夫杭设计的巴黎苏必斯府邸是洛可可装饰的代表作品。

到了18世纪末，崇高庄重典雅的新古典主义逐步兴起，其既反对巴洛克的虚张声势，也排斥洛可可的温柔媚艳。诚然，在晚期巴洛克和洛可可艺术走向了装饰的极端，丧失了艺术应有的生命力，加上法国大革命的需要——推崇圣贤和偶像，新古典主义替代洛可可也是历史规律所致。

二、典型建筑

1.巴黎卢浮宫东立面

卢浮宫位于法国巴黎市中心，在中世纪曾经是一座要塞。1546年，弗兰西斯一世下令拆除城堡重新建造宫殿。16世纪60年代，卢浮宫已经基本建成，在以后的3个多世纪里又屡次增建。卢浮宫的东面是一座王室仪典时使用的教堂，南面跨塞纳河，不远处就是著名的巴黎圣母院。因此，卢浮宫东立面显得最为重要。出于对原有设计的不满，宫廷决定对其进行立面改造，也由此拉开法国古典主义建筑的帷幕。

图5-19 巴黎苏必斯府邸

图5-20 卢浮宫

1665年，法国宫廷用欢迎国王的礼仪来迎接当时最著名的意大利巴洛克建筑大师贝尼尼。贝尼尼按照巴洛克式府邸建筑的样式做了3套设计方案。但当贝尼尼回国之后，法国建筑师最终说服宫廷放弃了贝尼尼的设计方案。1667年，宫廷决定采用法国建筑师勒沃、勒伯亨和彼洛重新设计的古典主义设计方案。

1670年，卢浮宫东立面改造完成，它成为法国古典主义建筑里程碑式的代表作品。卢浮宫东立面全长172米，高约28米。按照古典主义建筑的处理手法，将立面垂直划分为上、中、下3段式，底层基座部分高9.9米，中段是两层的巨柱式双柱廊，高约13.3米，上端是女儿墙、檐口。双柱廊的形式也使其残留巴洛克建筑的影响。建筑两端和中间凸出，将建筑沿水平方向划分为5段式。卢浮宫东立面各部分比例非常协调，这是因为设计中大量采用了几何数字的控制关系。左右5段式，上下3段式的立面构图形式成为后来影响非常广泛的建筑构图手法，一直沿用到今天。

2.凡尔赛宫

凡尔赛宫是欧洲最大的王宫，可称为法国绝对君权时期最重要的纪念碑，它不仅是君主的宫殿，而且还是国家的中心。为了建造凡尔赛宫，动用了当时法国最杰出的艺术和技术力量，使之成为1~18世纪法国艺术和技术成就的集中体现者，先后有多名建筑师参与规划和设计，包括雷诺特（大花园）、勒伏（南北连列厅和中央国王寝宫）、道亥贝（延长南北两翼，接建东面的服役房屋）、孟莎（主要建筑师）、勒勃亨（镜廊的装修设计）、迦贝里爱尔（剧场的设计）等。

凡尔赛宫包括宫殿、花园和放射性大道。宫殿南北总长约为400米，中央部分供国王和王后起居和工作；南翼为王子、亲王和王妃命妇之用；北翼为王权办公处，并设有教堂、剧院等。建筑采用古典主义的风格，内部装饰极尽奢侈豪华之能事。居中的镜廊是国王的接待厅，长73米，宽10米，拱顶高13米，侧墙上镶有17面大镜子，和落地窗相对应，与窗外的花园美景相映生辉。宫前大花园面积有6.7平方千米，纵轴长3千米。园内道路、树木、水池、亭台、花圃、喷泉都是几何造型，有统一的主轴、次轴、对景等，各种雕像点缀其间，是法国古典园林的杰出代表。

在凡尔赛宫大花园内有一座小型建筑，造型采用了典型的古典主义的纵横3段式处理，它就是路易十五为其皇后所建的小特里阿农宫，由建筑师迦贝里爱尔设计。该建筑基座很高，门廊有4根科林斯柱子，整栋建筑比例适宜，虚实得当，手法严谨简洁。

凡尔赛宫之东，以大理石院为中心的3条放射性林荫大道（实际只有中央一条）通向巴黎市区，这种格局借鉴了罗马的波波洛广场。

图5-21 凡尔赛宫鸟瞰图

图5-22 小特里阿农宫

图5-23 凡尔赛宫一角

图5-24 凡尔赛宫内部装饰

第六章　18世纪下叶到19世纪下叶的复古建筑

17世纪中叶以后，欧洲一些国家相续发生了资产阶级革命，彻底结束了欧洲一千多年的封建时代，社会各领域发生了深刻变革。到18世纪中叶，以法国为中心的“启蒙运动”是一场冲破历史桎梏的思想大解放。欧洲先进知识分子以“理性”为武器，对封建制度及其意识形态进行了猛烈批判。与启蒙运动的文化艺术潮流思想尖锐、旗帜鲜明相适应，这一时期的建筑理论和创作也空前激进。

资产阶级雄心勃勃地想创造出一个新的世界，包括要树立与封建社会完全不同的建筑风格，而现代建筑还处于萌芽阶段，新的建筑风格还在孕育当中。在不能凭空创造崭新建筑形式的情况下，建筑界又开始到古代“经典建筑”中寻求灵感，于是出现了一次致力于古代建筑样式重生的风潮——复古主义建筑思潮。在这次复古浪潮中，以法国为主的新古典主义、英国为主的浪漫主义和出现在欧美的折中主义为主要代表，建筑风格呈现多元化的趋势。除以上3个主要风格之外，其他造型和风格也获得发展。

图6-1 巴黎万神庙

图6-2 军功庙

第一节 新古典主义建筑

一、概述

新古典主义又称为“古典复兴”，在建筑史上指18世纪60年代到19世纪末在欧美盛行的仿古典的建筑形式。

17世纪法国流行的古典主义，是以封建君权统治下的，为彰显君权威严和满足奢华生活的建筑形态。资产阶级掌握权力之后，希望重新建立能够代表他们权力与财富的新建筑样式，开始对古典主义的刻板教条进行批判，认为古典主义束缚了建筑的创造性，同时也提倡用简洁明快的手法来排除巴洛克和洛可可的奢靡之风。此时考古工作的成就，使人们对古希腊、古罗马的建筑文化产生了浓厚兴趣，开始摒弃古典主义的清规戒律，特别是“横三竖五”的构图法，追求古罗马的雄伟宏大，古希腊的优美典雅。在借鉴古典文化时，各国也有侧重，法国借鉴了罗马古典，英国、德国以希腊古典为蓝本，而美国兼得两者风格。

巴黎万神庙建于法国大革命前夕。平面为希腊十字式，万神庙的入口立面由高大的廊柱和三角形山花构成，与古罗马万神庙十分接近。6根19米高的科林斯柱和山花构成廊柱，檐口装饰浮雕，简洁的形体使建筑摆脱了神秘的宗教气氛。穹顶部分采用坦比哀多式，最高处达83米，十分雄伟。巴黎万神庙形体简洁，内部空间开阔，是法国新古典主义建筑的典范。

代表法国新古典主义最高潮的是拿破仑时期建造的许多国家级纪念性建筑。这些建筑是为了炫耀拿破仑征服功绩而建的，依据古罗马建筑样式，追求外观上的雄伟、壮丽，内部常吸取东方的各种装饰或洛可可装饰。这些宏伟的纪念性建筑充分显示了拿破仑帝国的风范，又称为“帝

图6-3 英格兰银行

图6-4 大英博物馆

图6-6 柏林宫廷剧院

图6-5 勃兰登堡门

图6-7 雄师凯旋门

国风格”，是典型的古典复兴作品，包括星形广场的雄师凯旋门和军功庙等。雄师凯旋门形制仿照古罗马第度斯凯旋门，但形制更大。雄师凯旋门构图较简单，但宏大的尺度、庄严的气势，使其成了巴黎的标志性建筑。军功庙则采用了围廊式庙宇的形制。

在欧洲其他国家，18世纪中叶后，也普遍流行新古典主义建筑。英国前期有罗马复兴式，同法国类似，如由约翰·索恩爵士设计的英格兰银行。后来主要流行希腊复兴式建筑，代表建筑有哈米尔顿设计的爱丁堡大学和斯米克爵士设计的大英博物馆。大英博物馆立面具有典型的古希腊建筑特点，采用单层爱奥尼柱廊，端庄典雅，主入口的柱廊上冠有三角大山花，两侧为去掉山花的廊柱，强调了明确的主次关系。德国也以希腊复兴式为主，柏林的勃兰登堡门和柏林宫廷剧院等建筑是其代表。

美国在18世纪中叶后，经济逐渐发展起来，法国的艺术思潮对其产生了影响，建筑界也兴起了一股复古潮流，1793—1867年建造的美国国会大厦是罗马古典复兴的重要实例，仿照了巴黎万神庙的造型，极力表现雄伟的纪念性。

二、典型建筑

1. 巴黎雄师凯旋门

雄师凯旋门位于法国首都巴黎。拿破仑于1804年成为法国皇帝后，大革命的激情和盖世军功的结合使法国新古典主义逐渐演变成拿破仑的“帝国风格”。

1806年，拿破仑下令兴建巴黎雄师凯旋门，作为战无不胜的法国军队的纪念碑，主要建筑师为沙洛林。凯旋门高49.4米，宽44.8米，厚22.3米，其中正面券门高36.6米，宽14.6米。这些尺寸都远远超过古罗马时期最大的君士坦丁凯旋门，直观地表现出拿破仑的雄心壮志。

雄师凯旋门采取了新古典主义高度净化的几何形构图，方整的造型，除了檐部、墙身和基座，没有别的分划，没有柱子和壁柱，也没有过多的线脚。除表现不可战胜的法国军队的英雄形象的浮雕之外，几乎没有多余的装饰，这更使它具有一种超凡脱俗的雄伟气概。

雄师凯旋门中央卷门内是宣扬拿破仑赫赫战绩的浮雕，表现了96场战役的激战情景，跟随拿破仑作战的386个将领的名字也刻在上面。凯旋门墙上的浮雕尺度巨大，每个人像都高达5~6米，透出浓烈的帝国风格气息。这些浮雕中最著名的一座，是杰出的浪漫主义雕塑家吕德的作品《马赛曲》。

雄师凯旋门建成后，对交通影响很大。1848年，拿破仑的侄儿拿破仑三世上台执政后，委托奥斯曼进行巴黎城

图6-8 《马赛曲》雕像

图6-9 星形广场

图6-10 香榭丽舍大街

图6-11 美国国会大厦

图6-12 国会山和华盛顿纪念塔

市改造，在凯旋门周围开拓了圆形的广场，12条40~80米宽的放射性大道交汇于一点。在他们的衬托下，凯旋门显得更加雄伟壮观，成为法国人的骄傲。凯旋门是“帝国风格”建筑的代表作之一，也是巴黎的标志性建筑。它距协和广场2700米，绿树成荫的香榭丽舍大街从协和广场向西直奔而来，由于地势的起伏，高岗上的凯旋门显得更加庄严、雄伟。

2. 美国国会大厦

1793—1867年建造的美国国会大厦是罗马古典建筑复兴的重要实例，它仿照了巴黎万神庙的造型，极力表现雄伟的纪念性。

1792年，美国就国会大厦设计方案举行竞赛，当时曾征集到17个方案，获奖者是一位医生和业余建筑师，名叫威廉·桑顿（1759—1828年）。威廉设计的古典方案宏伟壮丽，但技术要求很高，因此他无法承担具体的技术任务，只得请其他专业的建筑师协助工作，其中起到作用较大的是拉特罗伯。在施工到大圆顶时，发生了新的技术难题，于是又在1850年举行竞赛，最后由获胜的托马斯·瓦特继续主持国会大厦的工程设计，直到1867年基本竣工，大厦中有些设备与装修到20世纪中叶才完成。国会大厦外部全用灰白色石块砌筑，上部圆顶用铸铁构件建造，这样可以减少圆顶的侧推力，在铸铁圆顶的外部刷上一层白漆，远远望去，和下部石墙面很协调。在圆顶的下部开有一圈小窗，既能采光和减轻重量，又能在造型上产生虚实对比，避免了沉重的感觉。在圆顶的上部还加了一个圆形的亭子和华盛顿的青铜雕像，使这座古典建筑成为华盛顿市的制高点，也成为华盛顿重要的标志性建筑。

美国国会大厦虽然采用了罗马古典复兴的建筑风格，但在大圆顶下的两层圆厅采用壁柱和柱廊环绕，两翼上层外观也都采用了柱廊形式，因此给人的感觉是既庄严宏伟，又亲切开敞，能表达一定的民主思想。在国会大厅的内部圆形大厅中，还布置有历届著名总统的雕像以作纪念，也烘托了大厦的中心气氛。大厦的底层外部是仿照巴黎卢浮宫东立面的做法，处理成一个由基座承托着上部的柱廊，显得整座建筑稳重坚实。大厦的周围种植有许多樱花和一些灌木，初春时刻，花红草绿，配置在庄严典雅的灰白色大厦前，使国会山形成一片迷人的景色，融建筑美和自然美于一体。

国会大厦在轴线上与华盛顿纪念塔遥相呼应，更增加了国会大厦前景的雄伟景观。

第二节 浪漫主义建筑

一、概述

浪漫主义原指18世纪下半叶到19世纪上半叶在欧洲文学艺术领域非常活跃的一种思潮，在建筑领域表现为以自然主义和中世纪哥特式风格来抗衡古典建筑和机器大生产的艺术品。浪漫主义产生的背景较复杂，主要是小资产阶级和工人阶级对工业革命后出现的环境污染、生活节奏变化等问题的不满，同时也受空想社会主义的一定影响，向往个性解放和向往大自然，热衷表现异域风情。对中世纪历史和古迹，以及对中世纪文学的关注，也是其产生的一种因素。

浪漫主义起源于英国，先期浪漫主义建筑以表现中世纪田园生活的情趣，模仿中世纪的寨堡，如英国埃尔郡的克尔辛府邸和威尔特郡的封蒂尔修道院。这时期浪漫主义还体现为对异域情调的追求，特别是“东方情调”，此时的英国已大量向东方开展贸易和殖民活动。遥远的异国，传说中的奇境，正有利于充满幻想的浪漫主义者寄托幽情。于是，中国的、印度的、土耳其的、阿拉伯的建筑被介绍到英国。如布莱顿的英皇阁便是模仿印度莫卧儿王朝清真寺的范式。同时在一些园林设计上，大量的中国造园手法和造园元素被采用。

英国浪漫主义盛期的建筑主要是对中世纪哥特风格的复兴，反

图6-13 埃尔郡的克尔辛府邸

图6-14 英国国会大厦及大本钟全景

图6-15 布莱顿的英皇阁

图6-16 威尔特郡的封蒂尔修道院

映了这一时期一些人的人性觉悟，渴望个性自由，摆脱学院派古典主义的清规戒律和因循守旧的作风，努力创造有感情、有灵性的建筑物。英国国会大厦是浪漫主义建筑的代表作品，也是英国最著名的建筑物之一，在1840年重建时，哥特垂直式的方案战胜了古典主义的设计方案，反映了当时人们的风格取向。

浪漫主义的建筑思潮在欧美各个国家的发展不尽相同，在受中世纪文化影响较深的英国和德国流行时间较早，范围较广，而受古典主义风格影响较深的法国和意大利则反之。

二、典型建筑

1. 英国国会大厦

英国国会大厦位于伦敦的泰晤士河西岸，由于它的造型和西敏寺教堂很像，故亦别称西敏寺新宫，它建于1836—1868年。老建筑因在1834年毁于大火，促使了新国会大厦的诞生。国会大厦在设计的过程中曾引起了关于风格的激烈争论，最后在1836年决定聘请查尔·巴里爵士作为建筑师负责设计。英国国会大厦是浪漫主义建筑的代表作品，也是英国最著名的建筑之一，它具体表现为采用了亨利五世的哥特垂直式，原因是亨利五世（1387—1422年）曾一度征服过法国，采用这种风格便象征着民族的自豪感。英国国会大厦的造型和美国的完全不同，它强调的是一系列垂直线条组合成的一条水平带，在这个水平带中再突出几座高塔，作为建筑的标志，其中尤以北面高达96米的大本钟和南面高达102米的维多利亚塔楼最为壮观，形成了该组建筑的主要轮廓线，使建筑物显得既庄严又富

有变化，它是英国最秀丽的建筑物之一。

这组建筑物的特点有三：首先是建筑造型采用了哥特式细部，反映了当时哥特复兴的倾向；其次是这组建筑物非常严谨，但平面却并不完全对称，它必须适应新西敏寺大厅的功能需要；第三是不规则不对称的塔楼组合与丰富的天际线，尤其是从河岸一边看去，如同优美的图画一般。

资产阶级在大革命初期，建筑不论是采用哥特复兴式还是古典复兴式，目的都是为表达新阶级的强大，建筑形式必须满足统治阶级的政治要求。这说明建筑艺术的创造脱离不了政治羁绊，同时也表明了新建筑艺术的创造还必须经过艰苦的探索过程。

图6-17 大本钟

图6-18 巴黎歌剧院

图6-19 巴黎圣心教堂

第三节 折中主义建筑

折中主义建筑兴起于19世纪上半叶，稍晚于古典复兴和浪漫主义。19世纪末和20世纪初折中主义在欧美盛极一时，并较长时间在欧美建筑中占据主导地位。其产生的原因主要有以下几个方面。其一，当时的资产阶级取得胜利后，建筑活动也逐步沦为商业产品，其精神象征的意义已淡化，需要丰富多彩的样式来满足不同受众的需求。其二，传播媒体的日益发达，便于人们认识和掌握古代各种建筑风格，也使建筑师拥有更多的创作素材。其三，新技术、新材料的出现，使建筑师开始对新形式进行探索，但眼光还没有从历史的传统中解放出来，没有摆脱复古主义的范畴。因此，对各种古代风格的综合运用，成了建筑师这一时期的主要手法。

折中主义摆脱新古典主义和浪漫主义在建筑形式上的诸多局限，任意选择和模仿历史上的各种风格，进行自由组合，所以又称为“集仿主义”。折中主义符合资产阶级新贵们的口味，在新建筑中综合他们喜欢的各种建筑符号于一体，而不去深究符号之间的内在联系。建筑标新立异，形成高度复杂且奢华的形式，以展现他们所拥有的财富与权力。

19世纪中叶，折中主义以法国最为典型，巴黎歌剧院是其代表。该建筑运用了丰富的语汇和装饰母题，正立面构图基本上模仿了卢浮宫新古典主义的东立面，又综合运用了巴洛克和洛可可装饰雕塑，内部空间宽敞舒适、装饰华美。在传统风格的外衣下，巴黎歌剧院采用的是当时全新的钢铁框架结构，但包裹严实。在各种样式的集合下，歌剧院气势恢宏，具有强烈的视觉效果。

巴黎圣心教堂也是典型的折中主义建筑，大小不一的穹顶，高低错落，显然是受到拜占庭风格影响，连续的拱券又兼取了罗马风建筑的表现手法。

19世纪末和20世纪初，折中主义到了美国后，很多建筑师热衷于古典柱式的表达，1893年的芝加哥世博会成为折中主义建筑的一次大会展。

第七章 新建筑运动

19世纪下半叶，社会生产力迅猛提高，工业生产带来的材料技术革新，对建筑行业的冲击是巨大的。技术革命突破了建筑长久以来在高度和跨度上的局限，使建筑在平面与空间上的设计更为自由和解放。以大工业生产方式制造出来的钢铁、玻璃和混凝土等建筑材料得到广泛运用。同时人们生活方式的改变，也带来了建筑类型的多样化。在这些客观条件下，也促使建筑师们开始思考和探索新的建筑风格，创作思维异常活跃，不同风格流派不断涌现，世界建筑由此迎来了巨大变革的时代，开始了新建筑运动时代。

传统的石材、木材和天然混凝土是世界建筑长期的构建材料，施工难度大，周期长，不适合高层或大跨度的建筑，成本也高，因此传统建筑的创新被局限。当抗拉性、延展性和可塑性强的钢铁出现后，开始在建筑中得到越来越广泛的使用。建于英国塞文河上的世界第一座全铸铁结构的大桥（1775—1779），桥跨度达到30米，高12米。而较早大量使用钢铁构架的房屋建筑，则是前文已经提到过的巴黎歌剧院。1889年设计修建的埃菲尔铁塔则充分展现了一种工业化时代的美，成为人类工程史上的奇迹之一，也预示着钢铁时代和新风格的来临。

1851年，首届国际博览会在英国伦敦举办，建筑师约瑟夫·帕克斯顿创造性地采用铁框架加玻璃屋顶、墙面的办法，在短时间内搭建起一座巨大而透明的建筑——水晶宫，其先进的制造手段、新颖的材质造型，在当时引起了轰动，标志着建筑在规模、新材料和新技术的运用、施工速度等方面的巨大飞跃。

生活方式的改变，使得人们对建筑类型的需求增多，同时对空间和功能也有了更多的新要求，这些都成为建筑师的新课题。许多建筑设计师和理论家为探索新材料、新技术和新的生产条件下的建筑新形式。新的风格开始在西方建筑界层出不穷，形成了不同的流派，其中以工艺美术运动、新艺术运动和装饰艺术运动为重要流派，影响深远。

第一节 工艺美术运动

工艺美术运动又称“艺术与手工艺运动”，是指19世纪下半叶到20世纪初起源于英国，继而影响到欧洲及美国等国家的一场设计运动。其起因是针对家具、室内产品、建筑的工业批量生产所造成的设计水准下降的局面，认为艺术必须与技术结合，提倡手工艺、反对机械化生产，提倡诚实的设计，反对浮华之风。

工艺美术运动的产生有其深刻的历史背景。18世纪首先发生在英国的工业革命使得新技术、新材料得到广泛推广。纺织、冶金、煤炭、机器制造、交通运输等工业部门得到强势发展。在商业利润的驱使和市场竞争的刺激下，大量以功能为第一选择的廉价工业产品充斥着市场的角落，这些工业产品的到来，使人们的生产生活彻底改观。人们享受着技术革命带来的便利和舒适，感受到社会的进步，一个全新的工业世界展现在人们面前，一些人为此而喝彩。但在繁华背后，也存在一些突出的问题。传统的手工业产品，由于其生产方式的特殊性，即产品的生产者既是设计者也是制作者，甚至也是销售者。因此传统手工业虽然生产成本高、生产周期长，但没有过多的利润和市场的干扰，使得传统手工艺品制作都十分精良，深得上层人士喜爱。而随着大工业生产的出现，工业产品的制作与设计开始分家，最终的发展是设计成为一个独立的活动。但

图7-1 塞文河大铁桥

图7-2 水晶宫

图7-3 水晶宫世博会展厅

图7-4 约翰·拉斯金

在工业大生产初期，产品的设计落后于产品的制作，在大量工业产品产生的同时，却没有可供借鉴的适合设计的新技术、新方法，使得众多工业产品呈现出外形和装饰毫无美感可言的状况。随着时间的推移，一些有识之士对于这些粗制滥造的机械产品越来越反感，而这一切在1851年的国际博览会上得到集中体现。

第一次国际博览会的展览大厅由英国著名建筑师约瑟夫·伯克斯顿设计，大厅采用钢材与玻璃结合的构造，类似于我们今天看到的人造“温室”。在那个年代这座用材特殊、造型奇特的新型建筑让人耳目一新，它体现了新材料和新技术运用的突破，同时造型简洁，从多方面突破了传统建筑的观念，开创了建筑形式的新纪元。这座被人称为“水晶宫”的展览大厅，本身成了现代设计的代表作。展馆内展出了大量工业产品，这些产品一方面代表了当时最先进的生产技术，另一方面也难掩产品外形的粗陋，虽然工匠把哥特式的纹样铸塑到蒸汽机体上，在金属椅上用油漆画上木纹，将洛可可纹饰加在纺织机上，但一切都显得牵强而无章法。

一些知名批评家开始发表他们的言论，其中最有名、对工艺美术运动产生最深远影响的是约翰·拉斯金。他是英国牛津大学教授、诗人、文艺理论批评家和社会学者，1851年他参观了国际博览会，对展出的早期工业产品的简单粗陋和牵强杂乱的装饰极为不满。在随后的几年中，他通过著书或演讲来倡导他的设计美学概念，主张艺术家来从事产品设计，要求美术与技术结合。

在拉斯金等理论批评家的倡导下，在英国掀起了一场旨在改良工业批量生产造成设计水准下降的设计运动，运动的领军人物是英国艺术家、诗人，并被称为“现代设计之父”的威廉·莫里斯。

威廉·莫里斯（1834—1896年）出生于殷富家庭，早年受过良好的教育，学过建筑和装饰艺术，有良好的艺术修养，喜爱大自然的美丽，并热衷于英国传统文化和哥特式风格。莫里斯在大学期间就受到拉斯金思想的影响，表现出对哥特风格和自然主义的兴趣。在他17岁那年参观了伦敦“水晶宫”博览会，他对工业化造成产品粗陋的结果感到震惊，立志通过自己的设计实践，促进英国和世界的设计发展。大学毕业后，莫里斯在建筑设计事务所从事哥特式风格的建筑设计，后来又加入了志在复兴中世纪风格的一个画家群体——“拉斐尔前派兄弟会”。在此画派影响下，莫里斯从建筑设计转向了绘画和手工艺术设计。

莫里斯开始设计探索是从为自己和未婚妻设计结婚用的新房而起的。在莫里斯准备结婚时，他和未婚妻跑遍了市区和郊区，既找不到合适的房子也难发现满意的生活用品，这些产品要么过于简陋，要么便是设计繁琐，于是他萌发了自己来设计房子和用品的念头。他和建筑师菲利普·韦伯共同设计出了设计史上著名的“红房子”住宅。这栋住宅的设计一反中产阶级住宅通常采用的对称布局、表面粉饰的常规，而采用非对称式、功能良好，完全采用砖瓦原色而不在表面粉饰的手法，既展现出建筑材料的自然属性也是一种装饰动机。建筑同时采用了不少哥特式风格的细节特点，比如塔楼、尖拱入口等，具有民间建筑和中世纪建筑的典雅、美观。因砖瓦都是红色的，被人称为“红房子”。莫里斯还自己动手设计了住宅内部的所有用品，具有浓厚哥特风格特色。

“红房子”建成之后，引起人们的广泛兴趣及关注。1861年莫里斯与人合伙与人同伙开办了自己的设计事务所，一年后买下全部股份，将事务所更名为“莫里斯设计事务所”，为客户提供各种各样的设计服务，包括建筑、家具、壁挂、地毯、书籍等。事务所成立之初只是单纯的设计，设计产品后交与相关企业进行生产，后来随需求量的扩大，事务所不仅从事设计也从事生产，到后来发展成有几家生产工厂的大企业。

经过莫里斯的努力和探索，工艺美术运动取得了巨大的成功，很快在英国开展起来。一些年轻的艺术家和设计师在他的影响和感召下，或开设公司，或建立工作室和组成团队，进行设计的改革与实验，其中比较重要的有：世纪行会、艺术工作者行会、手工艺行会，等等，这些组织及团队的努力，使英国工艺美术运动在国际上产生了很大的影响。

莫里斯及其他行会所从事的设计活动有非常鲜明的特色，也就是后来被称为“工艺美术运动”风格的特征，主要有：

1.提倡手工艺，明确反对机械化的生产。他们认为机械生产遏制了艺术创造的能动性，而手工业品蕴含着人的个性，是苦心经营而来的设计创意。

2.在装饰上反对矫揉造作的维多利亚风格和其他各种古典、传统的复古风格，推崇中世纪哥特式艺术，他们认为中世纪哥特式手工艺尚未受到生活中粗暴的商业因素的任何影响，是纯真的、毫不做作的。

3.主张设计的诚实、诚恳，反对设计上的哗众取宠、华而不实的趋向。

4.装饰上还推崇自然主义、东方艺术风格，工艺美术运动提倡艺术设计“回归自然”，从大自然中汲取设计的灵感和样本，因此他们的作品大都是力图展示大自然的本质，追求“田园牧歌式”的生活情调。另外还有大量装饰都有东方式的，特别是日本式的平面装饰特征，使设计有一种特殊的品位。

5.主张艺术家与手工艺人结合，设计出实用的艺术设计产品，在他们看来，大艺术（造型艺术）与小艺术（设计）不能完全分离，

图7-5 威廉·莫里斯

图7-6 莫里斯公司设计的彩绘瓷砖系列

一旦区分，设计便成了无价值、机械和没有理智的东西。

6.主张艺术设计面向大众，面向广大劳动人民，具有较强的民主主义思想和社会主义思想倾向。

英国工艺美术运动在其发生发展的短短30多年里，取得令人瞩目的成就，在建筑设计、家具设计、陶瓷设计、金属制品设计、纺织品设计、平面设计等方面都名家辈出，产品受到社会的广泛欢迎，同时也影响到欧洲其他国家和美国。

美国的工艺美术运动延续时间比英国长，一直到1915年才基本结束。英国工艺美术运动的几个主要设计师曾到访美国，向美国介绍了英国设计的探索成果，这对促进美国的设计水平有很大影响。

美国工艺美术运动的主要代表人物是美国现代建筑设计的先驱人物弗兰克·赖特和建筑设计家格林兄弟等。他们的设计宗旨和基本思想与英国工艺美术运动基本相似，只是较少强调中世纪或者哥特风格特征，而更加讲究设计装饰上的典雅，特别是东方风格的细节。格林兄弟在加利福尼亚州洛杉矶为根堡家族设计的根堡住宅（1904），具有明显的日本民间传统建筑的结构特点，采用木构件，讲究柱结构的功能性和装饰性；他们同时还设计了大量家具，无论是从总体结构还是具体的细节装饰，都具有浓厚的东方味道。

图7-7 莫里斯公司生产的扶手椅

图7-8 根堡住宅

除美国外，受英国工艺美术运动影响的地区还有斯堪的纳维亚国家，在其影响下，这些地区的国家出现了类似的设计活动，成立了各种各样的设计机构，取得了非常显著的成就。

威廉·莫里斯去世后，工艺美术运动被欧洲大陆蓬勃兴起的“新艺术运动”取代。工艺美术运动作为现代设计的萌芽阶段，在设计历史上有着非常重要的地位，对后来的新艺术运动、现代主义设计运动的发生与发展都起到了一定的作用。

但工艺美术运动又是“先天不足”的，有其片面性、历史局限性的一面，它对工业化的反对，对机械的否定，是违背历史发展规律的；其次，在行动上他们又表现出矛盾性，因为他们的设计实践又与机器生产发生了关系；另外他们提倡设计要大众化、平民化，而他们过于强调装饰增加了产品的成本，又不是普通民众能接受的。

工艺美术运动反映出了当时知识分子对矫饰风格厌恶、对大工业化恐惧的典型心态。经过这一时代人的积极探索，欧洲终于掀起了一次规模更大、影响更深远的新艺术运动。

第二节 新艺术运动

新艺术运动是19世纪末20世纪初在欧洲和美国发生和发展起来的一次具有广泛影响的装饰艺术领域的设计运动，涉及20几个国家，建筑、家具、产品、首饰、服装等都受到影响，时间长达10余年，是设计史上一次非常重要的形式主义运动。

新艺术运动的产生原因有多方面。从经济基础上来讲，19世纪后期，特别是1870年普法战争结束后，欧洲大陆迎来了一个相对较长时间的和平环境，各国竞相发展经济，需要争夺更多的市场，因此要有适应的设计来促进产品销售，传统的设计已经落伍，不再适合人们的审美趣味，需要一种全新的艺术表现形式，于是设计师主张从自然界汲取设计灵感。新艺术运动同时还深受当时的美学理论和各种艺术思想的影响，其中唯美主义和象征主义影响最大。唯美主义者提出“为艺术而艺术”的口号，认为美是改造客观世界的伟大力量，并告诫艺术家到大自然中去寻找美。象征主义强调创造心灵世界的艺术，探究个人的内在体验，生命的幻想，立足于自然界的现实事物的刻画，体现非常生动的内心世界。另外，后印象主义强调艺术中原色的运用、卷曲的线条、不羁的风格都对新艺术产生了很大影响。

新艺术运动在很多方面与工艺美术运动相似。主要表现在：都是对矫饰维多利亚风格和其他过分装饰风格的反动，对工业化风格反感，提倡对手工艺的重现，主张放弃传统的风格，而更多地从自然界汲取养分，同时都受东方特别是日本装饰风格影响，因此有人认为新艺术运动实质是工艺美术运动在欧洲大陆的延续和传播。但两者也有诸多的不同，工艺美术运动将哥特风格作为一种重要的历史参考和借鉴来源，而新艺术运动则放弃任何一种传统，主张从自然界中寻求美，但不像工艺美术运动那忠实地模仿自然，而是挖掘和探索自然界动植物的生长规律，在设计创作中运用流畅曲折的线条，相互交织和盘根错节的动植物纹样来表现大自然旺盛的生命力。

严格来讲，新艺术运动不是一种风格，而是一场设计运动。如果认为它是一个统一的装饰艺术风格，就不能看到它真正的面貌，因为它在各国家所体现的风格有很大不一样，而且称谓也不同。在法国、荷兰、比利时被称为新艺术，而德国称这场运动为青年风格，奥地利称维也纳分离派，斯堪的纳维亚各国则称工艺运动。虽然名称各异，但整个运动和形式是相似的。

法国是新艺术运动的发祥地，也是新艺术运动持续时间最长的国家。法国新艺术运动有两个重要的发展中心，一个巴黎，一个是南斯市。巴黎的设计从建筑到平面无所不包，而南斯的家具设计自成一派。

巴黎的新艺术运动有几个比较密切的团队，影响最大的有新艺术之家设计事务所（萨穆尔·宾）、现代之家设计事务所和六人集团。

六人集团是一个组织松散的设计师团队，其中最有影响力的设计师是赫克托·吉马德，其重要作品是在巴黎设计的140多个不同的地铁入口。在设计中，所有地铁入口的栏杆、灯柱和护柱全都采用金属铸造，形态上充分发挥自然主义的特点、起伏卷曲的栏杆纹样，顶棚处理成海贝的形状，使地铁入口处装饰典雅、富丽而不失自然。

比利时是欧洲工业化最早的国家之一，工业化程度高，国家安定平稳，经济繁荣，工业化产品设计问题也相对突出。受民主主义思想和工艺美术运动的影响，设计师们把理想主义、功能主义和设计革命结合起来，要求艺术与设计为广大民众服务，具有相当的民主色彩和积极进步的设计革新精神。

19世纪和20世纪初叶，比利时最为杰出的设计家、设计理论家、建筑家是亨利·凡德·威尔

图7-9 巴黎地铁入口顶棚

图7-10 巴黎地铁入口处装饰

图7-11 霍塔旅馆外景

图7-12 霍塔旅馆内景

图7-13 霍塔旅馆内景

德。他的设计理论和实践使他成为现代艺术设计的重要奠基人。亨利·凡德·威尔德主要从事家具设计和室内设计，在设计上他强调产品的结构和功能，装饰仅仅是表面的，只是为了增加审美情趣。与大多数新艺术运动设计师反对技术和机械化大生产不同，威尔德认为，技术是产生新文化的重要因素，根据理性结构原理所创造出来的安全实用的设计，才能够真正实现美的第一要素。他主张艺术与技术结合，反对漠视功能的纯装饰主义和纯艺术主义。威尔德还积极投身于设计教育的探索，1906年在德国魏玛市成立一所以设计为主的学校——魏玛工艺与实用美术学校，这个学校也是后来著名的包豪斯设计学院的前身。在魏玛，他进一步提出了工艺与艺术结合的最高目标3点原则：设计结构合理、材料运用准确、工作程序明晰。从中可以看出，威尔德的设计思想是相当先进的，对德国设计产生了深远影响。与此同时，他还参与了德国现代主义运动，是德国工业同盟的创始人之一。

比利时新艺术运动最成功的设计师之一维克多·霍塔的设计以曲线为主。他在建筑与室内设计中经常用相互缠绕和螺旋扭曲的线条，这种起伏有力的线条成为比利时新艺术运动的代表特征，被称为“比利时线条”或“鞭线”，霍塔的代表作品“霍塔旅馆”是这种风格的集中体现。在旅馆室内，植物藤蔓样的铁饰曲线遍布墙壁、楼梯扶手、地板和门楣等处，铁饰的植物枝蔓卷曲缠绕，劲健有力，充满了无限的张力和生命的活力。

西班牙新艺术运动的成就，集中体现在建筑家安东尼·高蒂的设计探索上。

安东尼·高蒂（1852—1926年）是西班牙伟大的建筑设计师，也是19世纪末20世纪初整个新艺术运动重要的代表人物。受工艺美术运动倡导的哥特风格和民主化思想的影响，高蒂的设计展现出民主主义设计理想和极强的折中主义风格。他喜欢繁复的设计，善于将各种风格融入自己的作品中，但极力反对机械模仿传统艺术，主动吸取其中的精华，还将浪漫主义的幻想渗透到三度空间的建筑中。安东尼·高蒂设计的建筑风格大胆、极端、特异，是最引人注目、最复杂、最有天赋和创新精神的大师。

高蒂的代表作有：巴特罗公寓、米拉公寓和圣家族大教堂。其中圣家族大教堂以庞大的规模和怪异的形象成为西班牙的标志性建筑物，高蒂为这座伟大的建筑工作了43年之久，但最终未能完全完工。教堂的设计主要模拟中世纪哥特式建筑式样，主体与周围的钟楼形成了协调的布局，整体显得十分生动，充满了象征意义，完美体现了新艺术的象征主义风格。镶嵌着瓷砖的多彩陶制尖顶象征着主教的法冠、指环和手杖，教堂内外布满钟乳石式的雕塑和装饰件，上面贴以彩色玻璃和石块，宛如神话中的世界。设计上基本没有遵循任何形式的古典教堂的约束，雕塑感十足。

德国的新艺术运动是用“青年风格”来称谓的，反对装饰繁琐的维多利亚设计风格，积极寻求新的设计形式，希望通过恢复手工艺传统来挽救当时颓败的设计。青年风格与其他国家的新艺术运动是基本一致的，但它表现得更为复杂，通过不同的艺术手段得到多方面的体现。早期的风格类似于英国工艺美术运动，设计作品充满了幻想和神秘感，体现出自然与质朴的哥特式风格特点，后来由于受威尔德的设计思想和教育理念的影响，初步具备了现代主义的特点。

彼得·贝伦斯是青年风格的代表人物，其设计风格的变迁恰好反映了德国新艺术运动的风格变迁。贝伦斯早期的平面设计受日本水印木刻的影响，喜爱荷花、蝴蝶等自然美象征，后来的建筑设计和产品设计逐渐趋向于抽象的几何形式。1900年，他设计了自己的住宅，称为贝伦斯住宅，这个建筑的功能主义和明显地采用几何形状的方式，表明贝伦斯开始有意识地摆脱当时流行的新艺术风格。1909年他为德国通用电气公司设计的厂房，成为后来现代主义的幕墙式建筑的最早模式。

贝伦斯也是后来现代主义设计运动德国制造联盟的重要参与者和代表人物。

在奥地利，新艺术运动被称为“维也纳分离派”，由活跃在维也纳的艺术家、建筑师和设计师发起，他们公开提出与正宗的学院派分离，自称分离派，在形式方面与德国的青年风格接近，成为德语系国家的一股新设计运动力量。重要设计家包括奥托·华格纳、约塞夫·霍夫曼。

华格纳在《现代建筑》一书中提出：建筑设计应该集中为现代生活服务，而不是模拟过去的风格；建筑应有交流、沟通的功能，而不能仅仅是一个空洞的环绕空间；装饰应为功能服务。华格纳设计的建筑迈奥里卡住宅就体现了这种“功能第一、装饰第二”的设计原则，并且开始摒弃正宗新艺术风格的自然主义曲线，采用简单的几何形态，以少数曲线点缀达到装饰效果，体现出华格纳设计的现代主义特点。

分离派设计取得的成就与英国“格拉斯哥四人集团”

图7-14 安东尼·高蒂

图7-15 巴特罗公寓

图7-16 圣家族大教堂

图7-17 圣家族大教堂的雕塑

图7-18 圣家族大教堂内景

图7-19 贝伦斯住宅

图7-20 维也纳分离派总部

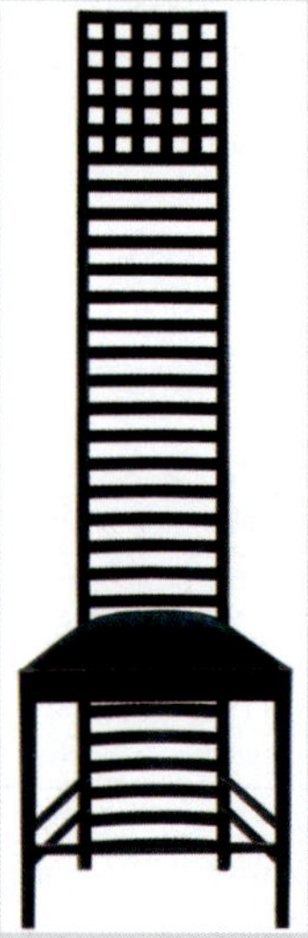
图7-21 麦金托什设计的高靠背椅

的查尔斯·伦尼·麦金托什的影响是分不开的。麦金托什及所领导的四人集团是英国新艺术运动的代表，他们从事家具、彩绘玻璃和平面设计等设计工作，主要采用自然界中的各种植物纹样作装饰，具有典型的新艺术风格特征，取得了令世人瞩目的成就。

麦金托什设计风格的形成，很大程度受日本浮世绘的影响，他不认为只有曲线才是优美的，直线同样有它的优势。因此在他的设计中，常常用直线条表达植物向上生长的旺盛生命力，家具的设计上强调几何形，纵横的直线结构和细致优雅的曲线相结合，常用黑色，稳重而典雅。他设计的高靠背椅是历史上非常经典的设计作品，椅背高高竖起，线条挺拔劲健，上端的横木设计成圆形或方形，上面镂空成月亮或花鸟形状。

麦金托什的设计主张与新艺术运动的主旨有些背离，主张直线，主张简单的几何造型，讲究黑白等中性色彩计划，但他恰恰为机械化、工业化的形式奠定了可能的基础，他的探索是维也纳分离派和德国青年风格设计的直接影响因素。

德国青年风格、奥地利维也纳分离派和英国的格拉斯哥四人集团在新艺术运动的探索上，有许多一致的地方，开始摆脱单纯的装饰性，而向功能性第一的设计原则发展。因此，他们应该被视为介于新艺术和现代主义设计之间的一个过渡阶段的设计运动。

第三节 装饰艺术运动

20世纪二三十年代，在现代主义运动兴起的同时，法国、美国和英国等国家展开了一场风格非常特殊的设计运动，即装饰艺术运动。装饰艺术运动虽然与欧洲的现代主义运动同时发生，受到了现代主义运动的很大影响，但是，它在设计艺术形式、审美追求，以及对待机械化和批量化问题上有其独特之处，并且对20世纪40年代以后的设计艺术产生了深远影响。

一、装饰艺术的历史渊源

20世纪初，欧美国家的一批艺术家和设计师敏锐地觉察到新时代的必然性，他们认为，对于现代化和工业化形式，与其回避，还不如适应。因此，这些设计师在主观上强烈要求寻找一种新的设计艺术形式。而考古学上的重大发现，传统艺术的创新启示、舞台艺术的影响和工业生产中汽车样式的确立，恰巧给了设计师众多的灵感。

装饰艺术运动的名称源于1925年在巴黎举办的装饰艺术与现代工业展览会。这个展览旨在展示一种新艺术运动后的建筑和装饰风格。装饰艺术秉承了以法国为中心的欧美国家长期以来的设计传统立场：为富裕的上层阶级服务。装饰艺术风格的主要服务对象是社会中的权贵。装饰形式主要受到以下几个因素的影响，其一是埃及古代高度装饰的风格给予了设计师强而有力的启示，他们往往把从自然抽象出来的简单明快的几何图案加以变形处理，运用到自己的设计中，很快使自然装饰题材和绚丽的装饰色彩成为一种流行时尚；其二是从原始艺术中获得创作灵感，特别是来自非洲和南美洲的原始部落艺术对欧洲前卫艺术界的影响很大。这些原始部落文化的粗犷、强劲风格特征等成为设计师进行构思和创作的形式素材。其三，20世纪初的芭蕾舞剧和美国爵士文化、爵士音乐等舞台艺术的舞美装饰和节奏与特殊的韵律感，也成为设计师灵感的来源。其四是汽车设计样式的影响，汽车成为20世纪文明的新象征，它启发了设计师在设计形式和思想上都大胆采用现代工业文明的成果。20世纪30年代从美国开始流行的流线型设计，就是汽车外观造型设计样式在其他设计中被模仿和应用的结果。

二、装饰艺术的风格特征

装饰艺术运动在吸收众多设计艺术风格和其他相关艺术观念的过程中，形成了自己特有的造型语言和独特的色彩系列。

首先，从造型语言来说，它趋于几何但又不过分地强调对称，趋于直线但又不囿于直线。几何扇形、放射状线条、闪电形、曲折形、重叠箭头形、星星闪烁形、连锁的几何构图、之字形或金字塔形的造型是其设计造型的主要形态。不仅如此，这些新奇的样式往往以贵重金属、宝石或象牙等高档材料表现出来，因而给人以新奇和时髦的造型感受，弥漫着贵族高雅的情调。

其次，从色彩的运用而言，装饰艺术具有鲜明而强烈的色彩特征，与以往各种讲究典雅的设计风格大相径庭。在其独特的色彩系列中，鲜红、鲜蓝、鲜黄、鲜橙以及金属色受到特别的重视。通过这些色彩的运用，使设计达到了绚丽夺目的效果。

三、装饰艺术与现代主义运动的联系与区别

由于装饰艺术运动与欧洲的现代主义运动几乎同时发生与发展，因此，它不可避免地受到现代主义运动的影响，特别是在形式上和材料上的影响尤为明显。从总体上讲，它们是工业设计的两个分支，各自沿着自己侧重的方向发展；二者是机器取代手工的工业时代在设计中的两个反映面；他们都是新艺术运动发展的结果和必然，同时也是对新艺术运动的反逆。

装饰艺术运动与现代主义运动虽然都主张采用新的材料，主张采用大量的新装饰手法使机械形式及现代特征变得更加自然和华贵，但是，装饰艺术运动所强调的装饰正是现代主义反对的主要内容之一，因此，两者之间存在着区别，属于不同的设计艺术风格。二者的区别具体表现在两个方面：一是两者共同信奉的机械美学在寻找艺术和工业生产的结合点上表现出各自的个性，装饰艺术在装饰样式和色彩上发现了结合点，现代主义则在功能和实效上

图7-22 绚丽的图坦哈姆法老黄金面具

图7-23 鲁赫尔曼的家具设计

图7-24 帝国大厦

找到了归宿。二是两者的服务对象有所不同，装饰艺术秉承了以法国为中心的欧美国家长期以来的设计传统立场，即为富裕的上层阶级服务，因此它仍然是为权贵的设计，其对象是当时正处在上升时期的资产阶级；现代主义则强调设计为大众服务，特别是为低收入的无产阶级服务，因此，它带有一定的左倾性，具有知识分子理想主义的、乌托邦式的成分。

法国是装饰艺术的发祥地，巴黎是这场运动的中心。1925年的“巴黎装饰艺术与现代工业展览会”是对法国装饰艺术运动成果的集中展示。家具与室内设计是法国装饰艺术设计风格最集中的体现之一。家具采用简单、夸张的几何造型，利用纺织品创造豪华和绚丽多彩的装饰品位；室内设计上创造出了一种所谓的小客厅风格，侧重于富丽的材料、豪华的家具和亲密的环境，甚至把东方情调的艺术引入室内设计之中。家具与室内设计方面成绩最为突出的是鲁赫尔曼和格雷。

在鲁赫尔曼的家具设计中，包括餐桌、椅子、书桌和躺椅，华丽的光面和丰富的细饰所强化的传统造型贯彻始终。他常用象牙作镶嵌和实用配件，手柄、腿和锁眼盖，有时加上铜银饰板以增强这些装饰图案的效果。在造型上，简单明快的几何外形与复杂的表面装饰形成强烈的对比，从而取得了一种特殊的视觉效果。

作为一位女性设计师，格雷的设计注重豪华的装饰效果，同时也注重现代主义的表现手法，特别是现代主义的材料运用和形式特征。在30年代，她是把法国装饰艺术运动与国际现代主义运动联系起来的最重要人物。1932年，她在巴黎为苏珊·塔波特进行室内设计时，选择了包括斑马、美洲豹等豪华皮革材料，加上体现现代主义特点的钢管结构家具，色彩稳健细腻，效果极其精巧，被设计界视为装饰艺术运动时期的经典设计。

装饰艺术运动在美国纽约得到蓬勃发展。在建筑设计方面，纽约是装饰艺术运动风格最初发生地，重要的建筑物包括克莱斯勒大厦、帝国大厦、洛克菲勒中心大厦等。

作为美国装饰艺术运动中著名的建筑设计师，阿伦设计了克莱斯勒大厦。这座77层的建筑今天被看作是那个时代最令人振奋的建筑和浪漫的象征。阿伦从哥特大教堂的檐槽喷口中获得启发，在檐壁上装上车轮帽，安置了汽车建造者的标志。最精彩的装饰是上层修长的圆拱顶，每层圆拱都饰有镀铬镍钢包铬面的三角形屋顶窗。大厦27吨重的钢尖顶，将大厦的高度增加到319米，成为世界上最高的固定钢结构。

威廉·兰柏一生设计了众多具有强烈装饰艺术风格的建筑，其中最著名的是1929年设计的帝国大厦和洛克菲勒大厦。

20世纪70年代以前，帝国大厦一直是世界最高的建筑，其入口处有镀金的帝国大厦模型镶在深红色的大理石上，大堂最引人注目的是大幅彩色壁画。洛克菲勒大厦的丰富装饰更是令人叹为观止，可以说汇聚了20世纪30年代艺术装饰设计师的精品。

建筑师沃伦和威特莫尔于1929年设计的斯图华特公司大厦，是纽约最为华贵的装饰艺术风格立面的建筑物。他们在设计时针对建筑功能主要是妇女用品商店的特点，大量采用巴黎装饰艺术风格的细节来装饰墙面、室内以及橱窗，显得绚丽多彩。

装饰艺术运动风格的建筑设计在美国风行一时之后，逐渐发生变化，这种变化主要表现在一些设计师开始探索适合于本地区风土人情的改良型风格。强调简单的几何特征，采用曲折线形和流线型结构，使建筑具有时代感、速度感和运动感。这种风格的探索主要在美国西海岸的洛杉矶和加利福尼亚的一些城市，最具代表性的建筑是洛杉矶可口可乐公司大厦。

美国的家具设计虽然受到了装饰艺术运动风格的影响，但美国的设计师抛开欧洲的模式，最终开创了独特的美国式艺术。

舍思和韦伯的家具设计受法国和德国的影响很大，因而其设计风格更加接近欧洲装饰艺术运动的家具设计。舍思设计的一些座椅采用马刀形腿脚，明显是对法国家具设计师鲁赫尔曼的模仿；另一些线条简朴，装饰简洁的设计，则是从德国和奥地利一些设计师的作品中汲取了灵感。出生于德国的韦伯，在第一次世界大战以后移民美国，并于1930年开始设计家具，他的设计除了充分吸收装饰艺术风格之外，还在于他采用弯木接合取代了传统的榫头。

第四节 新建筑运动的典型建筑

1. 埃菲尔铁塔

1889年，适逢法国大革命100周年纪念，在巴黎举行

图7-25 帝国大厦内景

图7-26 洛克菲勒大厦

图7-27 可口可乐公司大厦

图7-28 韦伯的家具设计

图7-29 埃菲尔铁塔

图7-30 埃菲尔铁塔局部

图7-31 红房子

图7-32 红房子内景

了一次规模空前的博览会，以展示工业技术和文化方面的成就，并计划建造一座象征法国革命和巴黎城市的纪念碑。最终建筑师古斯塔夫·埃菲尔的设计方案从700多件应征作品中脱颖而出，而且设计理念相当明确：一座象征机器文明、在巴黎任何角落都能看见的巨塔。

埃菲尔铁塔占地面积约1万平方米，采用交错式结构，造型奇特，底部宽大，由4条与地面成75度角的、粗大的、但有混凝土台基的铁柱支撑着高耸入云的塔身，这种建筑模式成为钢筋混凝土结构建筑的先驱。塔身全部由钢铁构成，总重量约为7000吨，通高324米，1930年以前，它一直是世界最高的建筑。铁塔使用了超过1500根巨型预制梁架、150万枚铆钉以及12000个钢铁铸件，总造价为740万法郎，每隔7年油漆一次，每次耗用油漆52吨。铁塔第一层高57米，第二层和第三层分别离地115米和274米。除了第三层平台没有缝隙外，其他部分全是透空的。在离地300米的四层平台上，设有气象站，顶部架有天线，为巴黎的电视转播中心。从塔座到塔顶共有1711级台阶，现统一安装了电梯，为人们登塔饱览巴黎秀色提供了便利。每逢晴空万里，从这里可以领略70千米之内的景色，黄昏时分于此观赏日落更是一流的享受。另外，每一层还设有酒吧和饭馆，供游客小憩。

埃菲尔铁塔第一次向世界展示了钢铁结构建筑的优异性能，向人们显示了新的建筑形式的优美和震动人心的艺术力量。它打破了传统建筑的束缚，打破了几千年来以石头作为建筑材料的核心地位，预示着建筑物增加高度和向上延伸的可能性，这些都促成了现代建筑的诞生，是人类进入现代化社会的重要标志之一。

2. 莫里斯的“红房子”

红房子建于1859年，是威廉·莫里斯夫妇的乡间别墅，由莫里斯和他的同事菲利普·韦伯共同设计，他们希望摒弃与文艺复兴和巴洛克风格有关的因素，力求接近中世纪的风格。

红房子随意自然地栖身在肯特郡郊外的绿色浓荫之中，平面布局自由，并追求不对称的效果。房子外墙一律采用水红色的砖砌成，并因此得名。当时英国的乡村别墅多以模仿宫殿建筑为荣，韦伯有意避免这种虚荣。从别墅立面到内部的每一个细小的装饰，都经过了精心的设计并由建筑师亲自完成。最让人惊叹的地方是其结实宽敞的外观避免了几个世纪里充斥在英国别墅中的矫揉造作的风气。外墙上甚至不加任何粉饰，直接裸露着红色的砖块。

建筑的重点是外观采用了具有显著哥特式特征的细部——尖拱顶，以及高坡度的屋顶等，坡屋顶被认为是辨认英国古典主义建筑最鲜明的符号。此外，红房子整体还参考了中世纪住宅的某些特点，特别是寺院建筑不规则构图，但完全抛弃了希腊式圆柱、三角墙，也没有巴洛克式的弧线，一律是垂直、平行的直线造型。韦伯甚至灵感突现，将英国中世纪的威廉式以及17世纪的安妮皇后式的框格窗设计融为一体，却并不担心这些不同风格之间的相互碰撞。

红房子朴素的屋顶几乎占到立面的一半，且呈现出不同层次的坡面，主屋顶上矗立着挺直的烟囱。整个建筑有着英国17世纪乡间宅第的味道。与同时期建筑追求奢华的内部装饰不同，韦伯和莫里斯认为房子里应该“没有一样东西是你不知道用途的，或你不相信它是美丽的”。因而，他们把建筑的实用性放在突出的地位予以考虑，避免为追求富丽堂皇的装饰或是无用的对称结构而牺牲内部空间的惯常做法。另一方面，韦伯和莫里斯绝对放弃使用大机器生产出的千篇一律的家具，而是要体现家具用品的独特性，并大胆使用不受束缚的装饰手法。无论图案优美的壁纸，还是雕刻着植物纹样的桌椅，还是造型朴拙的壁炉，无不经过韦伯和莫里斯的精挑细选。变化的植物纹样成为装饰主要元素，用色轻快的图案既富有装饰意味，又不失对大自然的强烈感情。墙面上悬挂着的装饰画出自拉斐尔画派的画家罗塞蒂笔下，画中描绘的是女主人珍妮的侧面像：透过珍妮自然蓬松的发式、裁剪独特的衣着，表现出一种田园的单纯，这和整个室内的格调协调一致。

3. 米拉公寓

米拉公寓是西班牙新艺术运动时期著名的建筑大师安东尼·高蒂专门为实业家佩德罗·米拉设计建造的。米拉公寓占地面积达1620平方米，是一座带有屋顶的6层建筑。建筑整体包括地下室、顶部广场和内部庭院几大部分。由于正位于两条街道的相交处，因此建筑立面顺应地势变化呈转交形式。在这座建筑中几乎没有一条水平直线，全部采用了曲线的形式。

公寓的外观是洞穴式的设计，所用建材及造型都超乎人们的想象，突兀怪异而又和谐优美。

窗子犹如岩壁上凹陷的洞穴，配以钢片扭成的阳台，动感极强。院中两个漏斗形的天井，用于采光透气，是光线的来源。整个楼面和阳台都用西班牙维拉佛兰卡地区盛产的巨石雕琢而成。线条粗犷的铁质大门由高蒂设计并亲自加工，而各层阳台上形态各异的铁栏杆用熟铁焊接而成。这些随意的曲线、直线与几何形状不仅体现在铁栏杆中，也贯穿在整个建筑布局中。

米拉公寓的屋顶叫作“米拉的空间”，上面布满了雕塑。这些大小不一，形态各异的屋顶雕塑，是建筑师高蒂设计的非宗教建筑中区别于其他建筑师最明显的特征，整个屋顶呈流线形，雕塑亦如此。利用碎陶瓷片装饰起来的高大雕塑标志着上下楼的楼梯口，楼内有螺旋形的楼梯通往各个楼层。其中小一些的雕塑犹如长着外星人脑袋的怪物，那是建筑的通风口。而表情严肃、身披铠甲的武士是公寓的烟囱。屋顶突出的楼梯间与烟囱都进行了装饰。据说这些极具脸谱化的形象是高蒂对古罗马戴着头盔的骑士形象的反映，充满了无穷的趣味性。

图7-33 红房子内部装饰

曲折的立面看上去犹如一只庞大的怪物在蠕动前行，铸铁的阳台像是坚硬的动物骨骼化石，整个建筑充满怪异、传奇色彩。公寓房间的窗口形象不尽相同，这一处理手法有效地活跃了立面形象。除了不规则的建筑立面形象之外，公寓的内部设计也十分精彩，窗体及外部栏杆都较为简洁，但不失动感。阳台的栏杆采用铸铁材料制成，它们除了维护性的使用功能外，也为立面增加了动感、通透的基调。起伏的立面是采用大块凿制的石材与混凝土两种材料混合垒筑而成，两种形式的墙面都拥有粗糙的外观，因此色彩和质感都十分契合。

主厅和通道的设计仍旧充满了神秘感。建筑的内部也有着和外部一样的曲折形式，主要采用马赛克拼贴装饰；家具的设计也充满着起伏的变化。

图7-34 米拉公寓

图7-35 米拉公寓的屋顶

4.克莱斯勒大厦

克莱斯勒大厦建于1926—1931年，坐落在纽约市中心，它是第一座摩天大楼，高达320米，77层。这座以克莱斯勒汽车公司名称命名的大楼，采用大量不锈钢板作为外墙材料，装饰风格随立面的退进而变化。大厦墙角处使用若干克莱斯勒汽车引擎盖饰品和水箱盖作为装饰，效果令人叫绝，成为克莱斯勒汽车制造帝国的标记。

克莱斯勒大厦被认为是装饰艺术运动建筑的杰作，大厦许多特别的装饰后来被应用于克莱斯勒汽车上。1929年克莱斯勒敞篷车上用了61楼角落老鹰来作装饰，31楼的墙角装饰用在1929年克莱斯勒汽车的散热器上。克莱斯勒大厦最著名的就是大楼上的冠，由十字形弧棱拱顶与7个同心圆组成，不锈钢板以辐射状铆接许多三角形孔，整个冠呈现银白色。7层圆弧逐层叠加，每一层都向内缩进，给人一种超出实际高度的幻觉。风格独特、嵌有狭长三角形的半圆形装饰图案曾被比喻为破云而出的太阳，也会使人联想起汽车的轮盘。大楼窗户酷似太阳光束设计，是模仿当年一款克莱斯勒汽车的冷却器盖子。以汽车轮胎为构想，5排不锈钢的拱形往上逐渐缩小，每排拱形镶嵌三角窗，呈锯齿状排列，楼顶更以不锈钢塑造出一种近乎浪漫的尖塔。

豪华的门厅中最壮观的是电梯门，上面饰有黄铜和莲花主题的镶木细工（带有木质基座的装饰性镶嵌物）图案。克莱斯勒大厦的设计是在崇尚埃及文化的热潮时期完成的，除了莲花装饰外，公众厅室展示出多种古埃及图案。门厅天花板上的绘画记录了大厦建造的非凡历程。

克莱斯勒大厦被视为一个典型的装饰艺术建筑，被称为“美国装饰艺术运动纪念碑”，大多数的当代建筑师认为克莱斯勒大厦仍是纽约市最优秀的装饰，也是纽约人喜爱的建筑之一，1976年被公告为美国国定古迹。2005年夏天，纽约摩天大楼博物馆询问100位建筑师、建造者、评论家、工程师、历史学家、学者，从25座大楼中选出10座最喜欢的，90%的人选择了克莱斯勒大楼，可见其建筑的艺术水准和在建筑学历史中的地位。

图7-36 米拉公寓内景

图7-37 米拉公寓内景

图7-38 克莱斯勒大厦

图7-39 克莱斯勒大厦的尖塔

第八章　现代主义建筑

19世纪末20世纪初，随着新的设备、机械、工具不断被发明，生产力水平不断提高，原有的经济结构、阶级关系和生活方式出现了众多新问题。设计界此时面临的问题主要有：一是如何解决众多的工业产品、现代建筑、城市规划、传达媒介的设计问题；二是如何形成新的设计理论和原则，彻底改变设计服务的对象。现代主义设计在这种形势下应运而生。

第一节 现代主义的定义、形式及特征

一、现代主义设计的定义

“现代主义”有广义和狭义两种理解。广义的理解是指19世纪八九十年代兴起的一系列反传统的美学、文学思潮，即所谓的西方现代文学艺术思潮的总和。狭义的现代主义是指19世纪初到两次世界大战之间取代象征主义而出现的几个特定的文学艺术流派，其中包括未来主义、表现主义、构成主义等。

二、现代主义设计的特征及发展

现代主义设计由于最初发端于建筑领域，所以其设计形式的最终形成，在建筑设计中表现得最为充分。在总体上，现代主义建筑设计坚持面向大众的设计立场，改变传统的、昂贵的建筑材料和建设方法，通过采用新兴的工业材料来降低成本，同时，还改变了建筑的基本结构和建筑方法，采用大量预制件、现场组装等方式，完全取消多余的装饰。在建筑的外观设计上，多采用简单的立体主义造型，色彩基本上是白色、黑色；在建筑结构设计上，多用梁柱支撑，全部采用玻璃幕墙。因而，整个建筑体现出鲜明的功能主义原则，成为一种单纯到极点，少则多，冷漠而理性，立体主义的新建筑形式。

总体而言，现代主义建筑设计的基本特征主要有以下几点：

一是积极解决建筑的实用功能和经济问题，让建筑适应工业化社会的生产和生活。

二是积极采用新材料、新结构，并发挥新材料、新结构的特性。

三是坚决摆脱过时建筑样式的束缚，放手创造新的建筑风格。

四是坚持新的建筑美学原则，即坚持表现手法和建造手段的统一、建筑形体和内部功能的一致、建筑形象的逻辑性、灵活均衡的非对称性构图、简洁的处理手法和纯净的体形等。

第二次世界大战前夕，现代主义建筑已经成为西方建筑的主导潮流。在这种潮流影响之下，世界主要地区的建筑物都表现出一些共同特征，比如都强调建筑的功能，不太重视装饰和地方特色，推崇平屋顶、光墙面（尤其是玻璃幕墙）、宽大的窗户、几何形构图，大量使用钢筋、玻璃和混凝土等。由于这些建筑的风格比较接近，世界各地又在大量建设，所以被称为“国际式建筑”。国际式建筑是现代主义建筑理念发展到高潮的产物，其鼎盛时期大致是在第二次世界大战结束后的10余年。

纽约的联合国总部大厦是第二次世界大战后国际主义风格建筑的代表作之一。位于曼哈顿东部的河岸上，设计者为柯布西埃，1952年落成。建筑由秘书处大厦、大会大厦、会议大厦和图书馆4栋建筑组成。秘书处大厦地上39层，高165.8米，东西两面为蓝绿色玻璃幕墙，两个端面为狭窄的实墙。大会堂匍匐在大楼一

侧，顶部和侧面呈凹线形。安理会会议楼在秘书处大楼与大会堂之间，临靠河面。

第二节 现代主义设计的主要流派

一、德国工业同盟

穆特修斯是德国工业联盟的奠基人和整个活动的开创者，他在深入了解英国等欧洲国家和德国设计现状的基础上，认为机械化与新技术是提高德国设计艺术的前提，坚决反对立足于装饰和手工业的德国青年风格，反对任何设计上对单纯艺术风格、单纯装饰的盲目追求，主张设计艺术必须追求目的，讲究实用功能，讲究成本核算，极力宣传功能主义的设计原则。

1907年10月6日，他成立了德国第一个设计组织——德国工业联盟（DWB，Deutacher Werk Bund）。德国工业联盟又叫德意志制造同盟。其宗旨是由弗里德利克·鲁姆起草的，他在宣言中提出了6个方面的主要内容。

第一，明确提出艺术、工业、手工艺相结合。

第二，主张通过教育、宣传提高德国设计艺术的水平，完善艺术、工业设计和手工艺。

第三，强调联盟走非官方路线，保持联盟作为艺术界行业组织的性质，以避免政治对设计工作的干扰。

第四，要求在德国设计艺术界大力宣传和主张功能主义，承认并接受现代工业。

第五，在设计中，反对任何形式的装饰。

第六，主张标准化下的批量化，以此为设计艺术的基本要求。

德国工业联盟成立以后，发展非常迅速，成员遍及德国各艺术院校。1931年，在纳粹的迫害、破坏下，宣布解散。尽管联盟只存在了24年，但对德国乃至世界的现代设计产生了巨大的影响。

在德国工业联盟的会员中，最著名的设计师是彼得·贝伦斯。他最有代表性的设计都与德国最有代表性的企业——德国通用电气公司（AEG）联系在一起，他开创了现代公司标志体系的先河，与AEG的成功合作开启了欧洲现代工业与艺术设计相结合的先河。贝伦斯看到了正在变革中的艺术和设计趋势，认识到设计只有与大工业的加工技术和材料工艺紧密结合才会拥有生命力。他为AEG设计的厂房，大胆抛弃流行的传统式样，采用钢铁和玻璃等新材料，造型简洁明快而实用功能良好，成为现代建筑强调实用性的典范。该厂房最具特色的是透平车间设计，采用简洁的造型，外观如实反映其内部功能要求，屋顶用无柱的三铰拱构造，为开敞的大空间创造了条件；侧面山墙轮廓与它的多边形大跨度屋架相一致，打破了传统惯例。整个建筑外面没有任何装饰，表现出新技术条件下对新建筑形式的大胆探索。这为建筑开拓了一种新的形式，被建筑界视为第一座真正意义上的现代建筑。

二、荷兰风格派运动

所谓风格派，是指1917年，荷兰在以《风格》杂志为核心的基础上，形成的以青年艺术家为成员的松散艺术团体。风格派基本上是一种美学运动，目的是要创造一种普遍的形式语言，追求“普遍真理”。

从《风格》杂志创始人杜斯伯格等人的言论和这一时期的一些作品来看，荷兰风格派具有以下鲜明特征：

第一，将传统的建筑、家具和产品设计、绘画、雕塑的特征完全抛弃，变成最基本的几何结构单体，或者称为“元素”（element）。

第二，把最基本的几何结构单体，或者元素进行结构组合，形成简单的结构组合，但在新的结构组合中，单体依然保持相对的独立性和鲜明的可观性，即个体的整体中，不因整体而失去个体的形态特征。

图8-1 联合国总部大厦

图8-2 德国通用电气公司厂房

图8-3 红蓝椅

图8-4 构成之屋（施罗德住宅）

第三，造型与装饰艺术中，除了对称性以外，非对称性也是体现艺术效果的最有效手段。大多数的艺术家对非对称性进行了深入的研究。

第四，在造型上，非常特别地反复运用几何结构；在色彩的使用上，重视基本原色和中性色。

上述4个方面的特征，在风格派中虽然非常鲜明，但是，也并非是绝对的，他们当中既出现过争论，又存在实践中自以为是的情况。

风格派运动维持了约14年，主要成员有杜斯伯格、蒙德里安、莱克和里特韦尔等。杜斯伯格创立《风格》杂志以后，主张艺术要“抽象的简化”，以数学式结构反对印象主义和所有巴洛克艺术形式，在艺术实践中，以直线、矩形、方块对艺术进行简化。蒙德里安刻意追求以直线及红、黄、蓝为基本要素的几何化风格图形。

里特韦尔经常运用简洁的基本形式和三原色创造优美的功能性的建筑和家具（如1919年设计的红蓝椅），其结构完全采用简单几何形，不加掩饰，色彩用最单纯的原色，即红黄蓝，可以说是风格派原则最清晰的视觉陈述。1923年，他为施罗德设计的住宅，被公认为是风格派建筑的顶点和现代建筑的先期代表作之一。长方形的厚板和直条的钢板部件对称地组合起来，这些几何形的成分划出可用的体积，外部的色彩计划也同样用在室内，以色彩来区分不同的部位。

三、俄国构成主义设计运动

俄国构成主义设计是在十月革命前后的政治变革环境中诞生的，由一小批先进的知识分子和设计师所致力于满足新社会制品构成的需要而引发的一场前卫艺术运动和设计运动。

构成主义又称结构主义。从风格上说，构成派是从至上派分离出来的。他们的许多作品是半抽象或抽象性的，主张用长方形、圆形、直线等构成半抽象或全抽象型的画面或雕塑，注重形态与空间之间的影响。

从艺术的角度上来看，构成主义风格与立体主义和未来主义颇有渊源。俄国构成主义最重要的代表人物马列维奇，早在第一次世界大战以前，他成立了一个“至上主义”（Suprematism）小组，目的是在物质和结构的形而上价值观的基础上，探索全新的造型语言。

构成主义最主要的代表人物是塔特林，他在探索机械精神与设计艺术结合方面颇具独特之处，他创作的《第三国际纪念碑》，被认为是构成主义设计的经典之作。《第三国际纪念碑》因莫斯科的技术条件无法实现，其模型至今藏于圣彼得堡的俄罗斯国立博物馆。

第三节 现代主义建筑设计大师及其作品

第一次世界大战结束后，西方社会必须尽快在废墟上大规模重建家园，提出了必须彻底变革传统的要求，现代主义建筑应运而生。1928年，来自12个国家的新派建筑师在瑞士集会，成立了一个名为“国际现代建筑会议”的组织，为的是更好地研究和解决建筑工业化、最低限度的生活空间、高层和多层居住建筑、生活区的规划和城市建设等问题。以此为标志，西方建筑便涌现了波澜壮阔的现代主义建筑思潮，它以强大的影响力彻底改变了人们以往的建筑观念。到第二次世界大战前夕，经过短短几十年的发展，现代主义建筑已经成为西方建筑的主导潮流。在这期间，著名的建筑师如莱特、格罗皮乌斯、密斯、勒·柯布西埃、阿尔托等人，通过理论和实践为现代建筑奠定了坚实的基础。

一、弗兰克·劳埃德·莱特

弗兰克·劳埃德·莱特（1867—1959年），出生于美国的威斯康星州，是西方建筑史上最富有浪漫气质的建筑师之一。他和格罗皮乌斯、密斯、勒·柯布西埃一起被后人称为“现代建筑四大师”。莱特的精神气质和建筑思想充满了古典气息，而且深受东方哲学与艺术传统的影响，他喜欢把自己的建筑称为“有机建筑”。

莱特的早期建筑作品以住宅为主，多位于土地宽阔、环境优美之处，并采用传统砖、木、石块来建造；造型强调水平线条、平缓的屋顶和深远的出檐，既带有美国民间建筑传统，又突破了传统住宅的构图形式和空间组合方法。由于它们特别适合美国中西部草原地带气候和地广人稀的特点，故被称为“草原式住宅”。代表作如芝加哥罗比住宅（1908—1909），它给人的感受是安宁、平和、舒适，造型和结构都表现出“草原式住宅”的典型特点。

莱特设计的美国纽约古根海姆美术馆（1959）是给人

图8-5 第三国际纪念碑

图8-6 弗兰克·劳埃德·莱特

图8-7 芝加哥罗比住宅

图8-8 古根海姆美术馆

图8-9 流水别墅

图8-10 法古斯工厂

图8-11 德意志制造联盟展览会办公楼

印象最深刻的现代建筑之一。它那新奇的造型、独具创意的参观方法，使得建筑本身成了最引人注目的展品，甚至分散了人们对其中陈列的美术作品的注意力。美术馆的主厅为一个高约30米的倒圆台形空间，内部被设计成盘旋而上的坡道，美术作品就陈列在长长坡道的墙壁上，人们可以缓步其中，慢慢欣赏。为了追求明亮的光线效果，美术馆的屋顶采用了大面积的玻璃天棚。

在莱特设计的众多建筑中，位于美国宾夕法尼亚州的流水别墅（1936）最具特色，也最有代表性，堪称西方建筑的永恒经典之一。这座别墅为私人所有，建在匹兹堡市东南郊熊跑溪的上游，周围山林茂密，流水淙淙。莱特选择了一个地形复杂、溪水跌落的地点，让别墅坐落在溪水之上，与自然环境紧密结合在一起。它的各层有的围以石墙，有的设置了大片玻璃，有的地方干脆让自然山石伸入室内。整座别墅以一种疏密有致、虚实相间的方式，将建筑和山石、流水、树木以及室内外空间交融成诗一般的整体。

二、沃尔特·格罗皮乌斯

沃尔特·格罗皮乌斯（1883—1969年）出生于德国柏林，从青年时代起就接受了正规的建筑教育。在后来的实践中，他十分重视建筑的功能，讲究建筑的经济效益，提倡建筑设计与建造工艺相统一、艺术与技术相结合，力主推广机械化大量生产建筑构件然后加以预制装配的建筑方法。他还主张按用途、性质和相互关系来合理组织、布局建筑空间，按人的生理要求、人体尺度来确定建筑空间的最小极限值，等等。这些非常重要的观点都充分体现在他的建筑设计中。

格罗皮乌斯还是一位杰出的教育家。为了培养新型设计人才，1919年他和同道们一起在德国魏玛创建了一所国立建筑学校，简称“包豪斯”。在格罗皮乌斯指导下，学校十分重视基础训练，主张艺术与技术统一，提倡设计要了解现代工业的特点并遵循自然与客观法则。

法古斯工厂（1911—1916）是格罗皮乌斯的早期作品，位于德国的一个小镇上，是一家制造木制鞋楦的小型工厂。格罗皮乌斯在设计厂房的过程中，创造出了大量现代建筑的常用词汇。工厂的布局完全是从工艺和生产流程需要出发的，除了中心部位的烟囱较突出以外，工厂各建筑之间的关系平等，不追求传统的构图法则，只在意功能本身。

1914年，德意志制造联盟在德国科隆举办展览会，除了展出工业产品之外，展览会的建筑本身也被作为工业产品来设计和展出。格罗皮乌斯为展览会设计了一座办公楼，它通过一个庭院将两边的车库和展览厅连成一体，造型简单而强调功能性。办公楼左右两个旋转楼梯被罩在圆柱形的玻璃体内，里面的螺旋形楼梯与上下楼梯的人全被暴露出来。其螺旋曲线与建筑整体平整的线条构成对比，活跃了气氛。

1925年，格罗皮乌斯为包豪斯设计了一座新校舍，这组位于德国德绍市的建筑在今天看来毫不起眼，它却是开启现代建筑新纪元的里程碑。校舍占地面积2630平方米，由教学楼、实习工厂和学生宿舍3部分组成，将建筑根据使用功能组合成既分又合的群体，是其空间布局的显著特点。格罗皮乌斯将不同高低的形体组合在一起，既表达了建筑物相互之间的有机关系，又体现出了包豪斯的设计特点：重视空间设计，强调功能与结构效能，把建筑美学与建筑的目的性、材料性能、经济性能直接联系起来。

三、密斯·凡·德·罗

密斯·凡·德·罗（1886—1969）出生于德国的一个石匠家庭，他本身并没有正式的高中学历，更谈不上受过正规的建筑教育，他丰富的建筑知识和设计技能都是在实践中积累起来的，并影响了整整一个时代的建筑。

密斯对现代主义建筑运动的一项最大贡献，是他发展出一种极端简洁的设计风格。这种风格的特点是：建筑具有整洁和骨架露明的外观、灵活多变的流动空间以及简练而精美的细部，它们高贵、雅致，结构本身已升华为艺术作品。密斯风格是现代建筑将技术与艺术统一起来的杰出典范，它对现代建筑和当代世界城市风貌的影响非常深远。

1929年，由密斯设计的西班牙巴塞罗那世博会德国馆轰动了整个建筑界。它像一件精致的艺术品，被轻巧地安置在一个基座上，8根金属柱支撑起一片薄薄的平顶屋，地板和屋顶之间是自由分隔的空间。隔墙由大理石或玻璃制成，室内外空间互相穿插连贯，没有任何传统意义上的房间。所有构件之间，如石墙与地板、钢柱与天花的交接简单干脆，没有明显的装饰，密斯所追求的是材料的质感、纹理、颜色以及做工的精良考究。它的一切都对后人产生了巨大影响：简洁明快的墙面处理、灵活多变的流通空间、把钢和玻璃同传统的砖木和大理石相结合的经验以及直截了当地对待结构的做法，都经常为现代建筑师广泛运用，其“流动空间”的概念更成为现代建筑的精髓。

图8-12 包豪斯校舍

图8-13 西班牙巴塞罗那世博会德国馆

图8-14 纽约西格拉姆大厦

20世纪50年代，追求技术精美的倾向在西方建筑界占有重要地位，密斯追求纯净、透明和施工精确的“钢铁玻璃盒子”即是这种倾向的代表。例如他设计的美国西格拉姆酿酒公司总部——纽约西格拉姆大厦（1951—1958），其主体为一耸立的长方体，共有40层，高158米。除了底层外，大楼幕墙直上直下，整齐划一。窗框用铜材制成，墙面还凸出一条工字形断面铜条，为的是增加墙面的凹凸感和垂直向上的气势，并丰富墙面的光影变化。密斯大胆地将刚发明不久的染色玻璃用作大厦幕墙，琥珀色的玻璃配以镶包青铜的铜窗格，使大厦在纽约众多高层建筑中显得优雅华贵、卓尔不群。

四、勒·柯布西埃

勒·柯布西埃（1887—1965）出生于瑞士西北靠近法国边界的小镇，曾到布达佩斯和巴黎学习建筑。1917年，柯布西埃定居巴黎。他的《走向新建筑》一书对现代主义建筑思想体系的形成有着决定性影响。他在书中很极端地喊出了“住房是居住的机器”这一著名口号，以鼓吹用工业化的方法大规模地建造房屋。对于建筑设计，他则强调“原始的形体是美的形体”，赞美和推崇简单的几何形体。柯布西埃对现代城市规划理论亦有巨大贡献。他理

图8-15 勒·柯布西埃

图8-16 马赛公寓大楼

图8-17 朗香教堂

图8-18 帕米欧肺病疗养院

想的现代城市是：中心区为摩天大楼，外围是高层楼房，楼房之间有大片绿地，整齐的现代化道路网布置在不同标高的平面上，人们生活在“居住单元”中。他首先提出了高层建筑和立体交叉交通设想，可谓远见卓识。

第二次世界大战结束后，建筑师们都在为满足社会对住宅的巨大需求而努力。柯布西埃为马赛郊区设计了一座17层的马赛公寓大楼（1946—1952年），它可以容纳1600人。通过这座建筑，柯布西埃提出了自己对住宅问题的解决之道。

令人惊叹的朗香教堂（1953），是他创作风格转变的一个代表。这座教堂位于法国东部的山区，它那怪异的外观令守旧派异常愤怒，但却被革新派奉为经典，喜欢贴标签的人则把它视为“后现代主义”建筑的第一个作品。事实上，朗香教堂的确突破了历史上所有教堂的样式，它以奇特的造型抒发出一种超常的精神感悟，教堂的平面很不规则，有凹凸，有弧线，有角。它的造型扭曲含混，怪诞奇异，仿佛是来自神秘世界。它打破了建筑由墙面、屋顶等构成的普通概念。它变化自由，创造出一个个令人费解而又难忘的奇特印象。

五、阿尔瓦·阿尔托

阿尔瓦·阿尔托（1898—1976年）出生于芬兰的库奥尔塔内小镇，早年曾在赫尔辛基工业专科学校学习建筑，后来在芬兰创办了自己的建筑事务所。正当柯布西埃、密斯、格罗皮乌斯等人狂热地推崇机器美学之际，阿尔托则在强调现代主义建筑功能原则的同时，十分注重建筑和地域特色、文化传统的有机结合，并在建筑中广泛使用传统的建筑材料。这使他的建筑具有与众不同的亲切感，在建筑与环境、建筑与人性的关系方面取得了独创性的突破，对当代建筑产生了预言式的影响。

出自阿尔托之手的建筑往往造型娴雅，空间处理自由活泼且有动势，使人感到空间不仅是简单地流通，而且在不断延伸、增长和变化。帕米欧肺病疗养院（1929—1933年）是其早期作品，它的周围是一大片森林。由于细致地考虑了患者的需要，这里的每个病房都有良好的光线、通风、较大视野和安静的疗养环境。建筑的造型还与其功能和结构紧密结合，表现出简洁、清新的形象，更给人以开朗、明快、乐观的启示，这一切都反映出设计师对建筑人情味的追求。

第九章 后现代主义建筑及多元化风格的当代建筑

源于欧洲的现代主义运动，在二战后转战至美国，从建筑设计影响到其他的设计领域，逐渐形成了一股席卷全球的国际主义设计风格。在设计形式上，深受密斯·凡·德·罗“少即是多”主张的影响，设计出现了追求高度理性、冷漠的特征。到20世纪60年代末70年代初，世界的大都会几乎变得一模一样，设计探索多元化的努力消失了，被追求单一化的国际主义设计取代。

20世纪60年代，欧美各国进入了消费时代，战后成长起来的一代逐渐成为消费主体，他们对千篇一律的现代主义设计开始感到厌倦。面对多样的消费需求，设计需要突破单一的国际主义风格，走向个性化、多样化。随着现代社会的发展，社会分工的细化，新材料、新能源、新技术的大量涌现为设计提供了广阔的空间，建筑设计开始出现以现代主义设计的理性与结构为基础，关注人的感性需求，注重从历史中吸取营养的趋势，最终产生后现代主义建筑风格及其他多元化、多样化特征的建筑风格。

第一节 后现代主义设计的理论探索及特征

在众多探索现代主义设计理论的人物中，来自建筑领域的罗伯特·文丘里和查尔斯·詹克斯做出了一些积极的研究，代表了后现代主义设计思潮的主流。

罗伯特·文丘里是最早明确提出反现代主义设计思想的美国建筑家、理论家。1966年，他将自己50年代以来的研究心得写成专著《建筑中的复杂性与矛盾性》。他针对密斯·凡·德·罗“少即是多”的建筑设计哲学，提出了“少令人生厌”的口号，并明确提出了一系列与正统现代主义建筑艺术观点截然不同的建筑创作主张。1972年，他出版了另一本著作《向拉斯维加斯学习》，对含混的风格表现出更为明晰的偏好。他认为设计家不应该忽视、漠视当代社会的各种文化对自己设计的影响，应该注重在自己的设计中吸收当代各种文化精神，这样才能丰富自己的建筑设计。他呼吁建筑应注意形式问题，提出应该合理运用历史上的一些装饰风格和设计风格，丰富现代主义单调的设计。

美国评论家、建筑家查尔斯·詹克斯是后现代主义设计理论的权威之一，他最早提出建筑和设计领域“后现代主义”这个术语，并出版了一系列著作讨论后现代主义设计，其中包括《后现代主义》《今日建筑》等。他认为后现代主义的开始应该是从20世纪60年代的反文化运动、波普文化和波普艺术运动发展起来的。詹克斯还宣称日裔设计师山崎实为美国圣路易城低收入家庭所设计的“普鲁蒂·艾戈”公寓在1972年7月15日被炸毁这一事件，可以作为现代主义建筑衰亡的标志。

另一位后现代主义著名理论家罗伯特·斯特恩把后现代主义的主要特征归结为3点，即文脉主义、隐喻主义和装饰主义。他强调建筑的历史文化内涵、建筑与环境的关系和建筑的象征性，并把装饰作为建筑不可分割的部分。

罗伯特·文丘里和查尔斯·詹克斯所分析和总结的后现代主义设计理论，虽然主要是以建筑设计为对象，但在后现代主义的平面设计、产品设计等方面，均有不同的体现，因而具有相当的代表性。

后现代主义实质是对现代主义的反叛，它是以反现代主义设计艺术为思想基础，在设计方法、设计语言及表现形式方面，表现出复杂多样的特征，出现了各种设计模式，流派纷呈，没有一个占主导趋势的流派或思想。总体上讲，后现代主义设计的特征主要体现在以下几个方面：

第一，反对设计单一化，主张设计形式多样化。

第二，反对理性主义，关注人性。主张以游戏的心态设计。

第三，强调形态的隐喻、符号和文化的历史，注重设计的人文含义。

第四，关注设计作品与环境的关系，意识到设计的后果与社会的可持续发展问题。设计追求人性、绿色、环保。

第二节 后现代主义的建筑设计

后现代主义设计运动是从建筑领域中开始的，从爱德华·杜勒尔·斯东于1955年设计新德里美国大使馆开始，在欧、美、日本乃至拉丁美洲的一些国家中出现了不少的设计师，设计了大量著名的具有后现代主义建筑特点的作品。这些设计师主要有罗伯特·文丘里、查尔斯·詹克斯、詹姆斯·斯特林、菲利普·约翰逊、格雷夫斯、伍重、丹下健三、山崎实等。这种对现代主义建筑反叛的新的设计形式到20世纪70年代后期最终成为建筑的主流风格。

1963年罗伯特·文丘里在宾夕法尼亚州建造的“母亲住宅”是世界上最早的后现代建筑，他在运用现代建筑语言的同时，兼顾对传统的提取、形式的变化和空间的复杂化。他设计的德拉华住宅、伦敦国家博物馆圣斯布里厅等，带有明显的古典主义特征，如拱券、三角门楣等。在建筑设计上，他追求典雅和富于装饰特征的、历史的、折中主义的建筑形式。

菲利普·约翰逊是美国当代著名建筑设计师，早期崇尚现代主义建筑风格，并于1959年与密斯合作设计了西格拉姆大厦。20世纪60年代开始，他注重吸收古典主义建筑元素，于1963年设计的纽约州舞剧院被赋予了古典的精神面貌。1984年约翰逊设计了堪称后现代主义建筑中最大、最负盛名的高层建筑——美国电报电话公司大楼，它采用文艺复兴式的临街正门，芝加哥学派的标准层、垂直墩与玻璃相间，以及顶部山墙的家具式样处理等，具有后现代主义所有的特征：历史主义、装饰主义、折中主义。

詹姆斯·斯特林是英国著名的建筑师，1981年第三届普利兹克奖得主。他非常擅长用组合玻璃、砖石和金属材料，采用现代主义与古典风格结合，并加以嘲讽式的处理，严肃之中充满了戏谑调侃的味道。他的代表性设计作品是德国斯图加特新国家艺术馆、剑桥大学历史系大楼等。

迈克尔·格雷夫斯是美国当代著名建筑设计师，他很早就针对现代主义单调的建筑形式进行探索，其建筑设计不仅综合了建筑家与艺术家的双重技艺，完整地把艺术与技术进行结合，而且讲究装饰的丰富、色彩的绚丽，也讲究历史风格的折中表现。他的建筑设计作品甚多，主要有波特兰市公共服务中心、肯塔基州路易斯市人文大楼、加利福尼亚州圣胡安·卡特诺公共图书馆等。格雷福斯最有影响的设计作品是1980—1982年设计建造的俄勒冈州波特兰市公共服务中心，其结构是现代主义的，但采用了大量的装饰，比如楼正面由彩色水泥和砖镶成巨大的希腊式柱子，楼底设计成神殿基座造型，

图9-1 德国斯图加特新国家艺术馆

图9-2 波特兰市公共服务中心

图9-3 新奥尔良的意大利广场

图9-4 悉尼歌剧院

这与现代主义冷漠的几何造型完全不同。

查尔斯·穆尔是一位非常杰出的后现代设计大师，最具代表性作品是1975—1978年设计并建造的新奥尔良意大利广场。他从意大利古典的历史样式中提取建筑元素，大量采用历史动机，利用折中主义手法将罗马柱式与现代的霓虹灯融为一体。

山崎实是日裔美国建筑设计家，在他长期的设计生涯中，虽然经历了现代主义占主导地位的时期，但他并不盲从现代主义建筑的形式和理念，而是把现代主义设计理念与东方文化结合，对建筑进行新的诠释和演绎。他的主要代表作，如沙特阿拉伯达兰国际机场、西雅图世界博览会美国科学馆、普林斯顿大学威尔逊学院大楼、纽约世界贸易中心大楼等，都是典型的后现代主义建筑设计之作。

乔恩·伍重是丹麦建筑师，2003年获得普利兹克奖。他的代表作品是悉尼歌剧院。整个建筑占地1万平方米，长183米，宽118米，高67米，建在一个混凝土平台上，宛若一组洁白的雕塑作品。

后现代主义设计在建筑上发展非常迅速，形成了以下的特征：

第一，强调建筑的精神功能，注重设计形式的变化。

第二，后现代主义建筑强调历史文化，即所谓“文脉主义”。

第三，后现代主义建筑语言具备“隐喻”“象征”和“多义”的特点，表现在建筑造型与装饰上的娱乐性和处理装饰细节上的含糊性。

第三节 现代主义后的多元化建筑设计风格

一、高技术风格

高技术风格源于20世纪二三十年代的机器美学，它直接反映当时以机械为代表的技术特征。其实质是把现代主义设计中的技术因素提炼出来，加以夸张处理，形成一种符号的效果，赋予工业构造和机械部件以一种新的美学价值和意义，表现出非人情化和过于冷漠的特点。

高技术风格最先在建筑学中得到充分的发挥，而后对工业设计产生重大影响。英国建筑师伦佐·皮阿诺和理查德·罗杰斯1976年在巴黎设计建造的蓬皮杜国家艺术与文化中心是高技术风格的代表作。该建筑一反现代建筑外形简洁的特点，把建筑内部的许多设施都放在了建筑物的外部，如交通管道、空调管道、电力管道以及供水管道都涂上不同的颜色外挂在建筑的东立面，加强了结构的暴露感。

高技术风格最重要的代表人物是英国设计师诺曼·福斯特，他设计的法国雷诺汽车英国销售

图9-5 蓬皮杜国家艺术与文化中心

图9-6 香港汇丰银行大厦

图9-7 瑞士再保险公司总部大楼

图9-8 纽约世界金融中心大厦

中心、香港汇丰银行大厦与瑞士再保险公司总部大楼都是高技术风格的经典作品。

高技术风格在20世纪六七十年代曾风行一时，并一直延续到20世纪90年代初。高技术风格由于过度重视技术和时代的体现，把装饰压到了最低限度，因而显得冷漠而缺乏人情味，常常招致非议。

二、新现代主义风格

20世纪60年代后，设计有两条发展的主要脉络，一条是后现代主义的各种探索；另一条就是对现代主义的重新研究和改良，被称为“新现代主义”。两者基本是并行发展的。

新现代主义风格是对现代主义进行重新研究和探索发展的设计风格，与后现代主义对现代主义的冷嘲热讽相反，新现代主义坚持现代主义的传统和原则，完全依照现代主义的基本语汇进行设计，根据需要加入新的简单形式的象征意义，因此既具有现代主义严谨的功能主义和理性主义的特点，又具有独特的个人表现和象征性特征。

新现代主义在建筑方面的杰出代表有“纽约五人组”（理查德·迈耶、彼得·埃森曼、迈克·格雷夫斯、查尔斯·加斯密、约翰·海杜克）、贝聿铭、佩利、保尔·鲁道夫和爱德华·巴恩斯，以及奎特克托尼卡设计集团等。

新现代主义风格的重要代表人物西萨·佩利，为了打破国际主义单调刻板的形式，他借鉴了后现代主义的装饰手法，通过使用少量的古典形式与传统符号，使高层建筑的设计更具个性化。从整体上来说，佩利主要是采用现代主义的玻璃幕墙结构，但是在色彩上采用绿色和蓝色，使简洁的建筑通过非同一般的色彩表达出特殊的象征意义。其主要代表作是纽约世界金融中心大厦、吉隆坡彼得罗纳斯双塔大厦和洛杉矶太平洋设计中心等。

贝聿铭是现代主义立场最坚定的建筑师之一。他1917年出生在中国广东，是哈佛大学格罗佩斯的建筑学院的研究生，1955年建立了自己的设计事务所。在20世纪60年代他逐渐形成了自己的设计思想。贝聿铭认为建筑具有社会性，并于1983年获得第5届普利兹克奖。贝聿铭遵循现代主义设计风格，作品简洁大方，在结构和细节上都契合现代主义的理性原则，同时又赋予作品以生动的传统象征意义，设计了大量优秀的新现代主义建筑。他设计的华盛顿国家美术馆东厅、香港中国银行大厦、巴黎卢浮宫的扩建工程等，都充分考虑了周围环境因素，遵循现代主义理性设计原则，既满足了功能要求，又体现了一定的象征性。

三、解构主义

“解构”一词来源于20世纪60年代兴起的解构主义哲学。1966年，法国哲学家雅克·德里达在美国霍普金斯大学组织的哲学会议上，全面攻击结构主义哲学，声称结构主义已经过时。从60年代到90年代，德里达出版了一系列的著作，提出了解构主义哲学，阐释其对解构主义的理解。他认为西方自柏拉图以来的理性主义哲学传统，以及20世纪以来的结构主义哲学都是僵化的、静止的、值得怀疑的，这种结构应该加以破坏和分解，并且他认为单体研究比对整体研究更加重要，更加能够反应出人类存在的真理。德里达理论在西方文化界引发一阵解构热。

“解构主义”是从结构主义中演化而来，其实质是对结构主义的破坏和分解。解构主义风格的特征是把完整的现代主义、结构主义、建筑整体破碎处理，然后重新组合，形成破碎的空间和形态。解构主义是具有很大个人性、随意性的表现特征的设计探索风格，是对正统的现代主义、国际主义原则和标准的否定与批判。

20世纪80年代，建筑师彼得·埃森曼和贝马得·屈米将当代德里达的解构主义哲学理论应用于建筑设计，提出了建筑中关于解构主义的理论。1988年，由菲利浦·约翰逊和弗兰克·盖里在纽约现代艺术馆主持的“反构成主义建筑”七人展和在伦敦泰特美术馆举行的关于“建筑和艺术中的解构”国际研讨会，表明了解构主义建筑艺术开始登上国际建筑舞台。

盖里被认为是世界上第一个解构主义的建筑设计师。他将解构主义的哲学观点融入建筑设计中，同时重视结构的基本部件，认为部件本身就具有表现特点，完整性不在于建筑总体风格的统一，而在于部件的充分表现。他设计的瑞士巴塞尔维斯塔公司总部、洛杉矶迪士尼音乐中心、巴塞罗那奥林匹亚村、明尼苏达大学艺术博物馆等，都具有鲜明的解构主义特征。盖里设计的西班牙毕尔巴鄂市古根海姆博物馆是其最负盛名的作品。这座占地2.4万平方米的建筑彻底打破传统建筑的外形，造型奇特。整个建筑由一群外覆钛合金板的不规则双曲面体量组合而成，体块的分割、碰撞和穿插，使建筑极富表现力。

彼得·埃森曼是解构主义的另一位代表人物，他曾是“纽约五人组”成员。他设计的建筑充满了解构主义的特点，总体风格是非同一般的几何式。其代表作是美国哥伦布市会议中心，整座建筑由很多相互依赖而又相互独立的结构组成，无论是整体还是局部细节的装饰，都体现出一种破碎的形式感，体现了埃森曼解构主义设计风格。

除此之外，解构主义风格的设计师还有瑞士的贝马得·屈米、荷兰的莱姆·库哈斯、波兰的丹尼尔·里伯斯金、美国的欧文·莫斯等，他们主要从事解构主义风格的建筑设计和产品设计。

作为后现代的一种设计风格，解构主义具有很大的个人性、随意性和丰富的表现性，是对现代主义、国际主义原则与标准的否定和批判，其设计方法与视角的多样性，为设计带来了多样化的设计表现语言和形式。

图9-9 吉隆坡彼得罗纳斯双塔大厦

图9-10 洛杉矶太平洋设计中心

图9-11 华盛顿国家美术馆东厅

图9-12 香港中国银行大厦

图9-13 巴黎卢浮宫扩建工程

图9-14 洛杉矶的迪士尼音乐中心

图9-15 西班牙毕尔巴鄂市的古根海姆博物馆

图9-16 美国哥伦布市会议中心

第十章　世界其他地区建筑

第一节 印度建筑

古印度建筑历史可分为4个时期：印度河文化时期、吠陀文化时期、孔雀帝国时期和笈多帝国时期。

印度河文化时期建筑的重要遗存是莫享佐·达罗城，位于今巴基斯坦境内，始建于公元前3000年左右。城市占地约7.77平方千米，城内规划合理，贯穿南北向的主干道宽达10米，与东西向的次干道相交，形成了网格状街区，每个街区约336米×275米。上下两个部分分别住着祭司、贵族、市民和商人，城市下水道系统完善，形成完整的给排水系统。莫享佐·达罗城的各类建筑都初步形成了自己的形制，这是建筑达到了相当高水平的标志。

公元前3世纪，孔雀王朝的阿育王几乎统一了整个印度，这时的城市和宫殿建筑都非常发达，但遗存的主要是佛教建筑。阿育王时期印度社会笃信佛教并宣扬佛教教义，此时的佛教建筑也兴盛一时，主要是埋葬僧侣骸骨的窣堵波和僧侣修行的僧院。

最大的窣堵波建在桑吉，约于公元前250年由阿育王建造，它和早期各地的坟墓形制一样，是一个半球形状，直径为32米，高12.8米，有一个高4.3米的基座，用砖砌成，外贴红色砂石。外围一圈圆形石栏，四面各开一门，10米高，牌坊式，石材仿木结构，门上布满浮雕，均为佛祖故事。窣堵波形式浑厚纯粹，完整宏伟，极具稳重感和纪念性。孔雀王朝时期还修建了一座纪念佛祖的佛祖塔——菩提伽耶大塔，始建于公元前2世纪，现存为14世纪重建。塔采用金刚室座式，主塔密集建造，覆满雕刻，外轮廓挺拔有力，单纯坚实，这种形制的金刚室座塔，后传至东南亚及中国。佛教提倡遁世隐修，修筑了依山凿窟的石窟僧院，名为毗诃罗，一般以一间方厅为核心，周围一圈柱子，三面凿几间方方的小禅室。毗诃罗旁也通常有举行宗教仪式的石窟，名为支提，多为细长的马蹄形，末端半圆形处中央就地凿出小型的窣堵波。

图10-1 莫享佐·达罗城复原图

笈多王朝是佛教、婆罗门教和印度教并行发展的时期，建筑遗存不多。佛教建筑延续孔雀王朝的形制。婆罗门教寺庙有马哈利普兰的岩凿寺，该寺建于5世纪下叶，以整块岩石开凿而成，约12米×12米，中间凿室为佛殿，平面长方形，屋顶为方锥形，布满浑圆的雕刻，是模仿茅草顶建筑的形式。

公元540年，笈多帝国崩溃，印度中世建筑相继以印度教和伊斯兰教建筑为中心来发展。8世纪中叶建立的帕拉王朝热心保护佛教，使得佛教在东印度一些地区得以延续发展近400年，使印度佛教展现出了最后的光辉，并对东南亚、尼泊尔、西藏等地区的佛教产生重大影响。中世后期，印度教成为80%以上印度人信仰的宗教，印度教建筑也达到了全盛时期，产生了北

图10-2 桑吉窣堵波

图10-3 桑吉窣堵波局部

图10-4 摩诃菩提寺菩提伽耶大塔

图10-5 毗诃罗遗址

图10-6 康达立耶——马哈迪瓦庙

型、南型、南北中间型3大建筑样式，修建了一些结构复杂的寺庙和神殿。在四方形的伽蓝上修造高塔，塔的各个侧面松散地描绘着纹样的建筑样式被称为北型。北型不设院子，独立在旷地中，分门厅、神堂、屋顶塔3部分，整个庙宇密布雕刻，康达立耶——马哈迪瓦庙是其代表作。南型寺院的特点是修筑有浴池，围绕着方形寺域设有回廊以及高大门栏，这些门栏也和神殿一样布满了复杂的雕刻，庙宇内的高塔为平顶方锥形，但其整体单纯的几何形态显得简洁，庄严雄伟。寺庙建筑群中比较完整的有提路凡纳马雷庙和马都拉庙两座，均建于17世纪。中部的庙宇兼具南北双方的特点，但是也具有自身特征，庙宇四周为廊柱，院子中央设台基，台基正中为柱厅，后接神堂，神堂顶上有塔，与中央形成3~5个塔一组，神堂平面为放射状多角形，不高且彼此独立，庙宇布满雕饰，以繁复纤细的透雕石板作为窗户。其代表建筑为桑纳特普尔的卡撒瓦庙。

12世纪末，来自伊朗和阿富汗的伊斯兰教传入印度。公元16世纪兴起的莫卧儿王朝是一个彻底否定偶像的伊斯兰教王朝。伊斯兰风格的城堡、宫殿在此时极尽辉煌，建筑广泛使用各色石头镶嵌装饰，并用大块纤细镂空的薄大理石板制作窗户、栏板和屏风，宗教建筑也趋向精巧华丽，这时期的穹顶技术成就非凡。莫卧儿王朝最杰出的建筑成就是沙贾汗皇帝为其宠妃修建于阿克拉的泰姬玛哈陵，以伊斯兰式的半球形石造结构为主体，在大理石上用无数美玉、宝石嵌镶成阿拉伯文字以及花鸟，显示出极为精巧的图案制作技术，成为最壮丽雅致的建筑物。另外，由阿克巴王在德里建造的胡玛雍陵（1565年）采用大理石和赤红瓦形成极其美丽的外观，对后世建筑影响很大。莫卧儿王朝时期的皇宫德里红堡也属于典型的莫卧儿风格的伊斯兰建筑。

莫卧儿王朝最杰出的建筑物是泰姬玛哈陵，它是世界建筑史上最美丽的建筑之一，是沙贾汗皇帝为爱妃蒙泰姬建造的陵墓。为了设计和建造它，除了调集全印度最好的建筑师和工匠外，还聘请了土耳其、伊朗、中亚（撒马尔罕和布哈拉）、阿富汗和巴格达等地的建筑师和工匠。主要的建筑师是小亚细亚的乌斯达德·穆哈默德·伊萨·埃森迪。这座坟墓，可以说是整个伊斯兰世界建筑经验的结晶。

泰姬玛哈陵离阿格拉堡不远，是一组建筑群，最外面的围墙宽293米，长576米。正面第一道门不大，进门是宽161米深123米的大院子，两侧各有两个较小的院落。第二道门很高大，平面是矩形的，中央有穹顶，四角还有塔和小穹顶。立面正中是大凹龛伊旺。穿过凹龛伊旺底里的门洞，是一片宽293米，深297米的大草地。一个十字型的水渠把它分为4份，中央开辟成方形的水池。绿地正中辟十字形水渠，相交处有水池，这种布局是典型的伊斯兰式园林布局，十字形水渠的四臂分别代表《古兰经》里所说

图10-7 卡撒瓦庙

图10-8 胡玛雍陵

图10-9 德里红堡

图10-10 泰姬玛哈陵全景

图10-11 泰姬玛哈陵

“天园”里的水、乳、酒、蜜4条河，它们象征着生活资料的丰富，生活的美好；水渠和水池里都有喷水口。草地之后是白大理石的陵墓，一侧是清真寺，另一侧是供休息和接待用的建筑物，用赭红色砂石建造，有白石的装饰，它们和陵墓之间又各有一个水池，陵墓的后面，围墙之外，是朱木拿河。

陵墓托在96米见方、5.5米高的白大理石台基上，台基四角耸立着40.6米高的圆塔。陵墓本体是每边56.7米的正方形而抹去四角。中央穹顶的内径17.7米，在这个穹顶之上，一段不高的鼓座举起一个轮廓饱满的葱头形外壳穹顶，它的顶端高于台基面约61米。4个立面完全一样，每面正中略高，嵌着一个大凹龛伊旺，凹龛伊旺左右和抹角斜面上都有两层比较小的凹龛伊旺。

泰姬玛哈陵的艺术成就首先在于建筑群总体布局的完美。布局很单纯，陵墓是唯一的构体中心，它不像胡马雍陵那样固守传统，位居方形院落十字形水渠的中心，而是破例居于中轴线的末端，让方形的草地和十字形的水渠在前面展开，因此，一进第二道门，就有足够的观赏距离，视野良好，仰角大约是1:4.5。

建筑群的色彩沉静明丽，湛蓝的天空下，草色青青托着晶莹洁白的陵墓和高塔，两侧赭红色的建筑物把它映照得如冰如雪。倒影清亮，荡漾在澄澈的水渠中，当喷泉飞溅，水雾迷蒙时，它闪烁颤动，飘忽变幻，景色尤其迷人。为死者而建的陵墓，竟洋溢着乐生的欢愉气息。

第二节 日本建筑

日本气候相对温和，雨量充沛，其传统建筑以木构为主，文化受中国传统文化影响，建筑在形制上与中国传统建筑有千丝万缕的联系，同时，也逐步形成了自身独特的风格，在世界建筑史上有重要的地位。

日本传统建筑的整体风格是洗练简约，优雅洒脱，富有内韵，采用浓厚的东方语言。日本建筑对自然材料潜在美的认识能力，在世界上是出类拔萃的。日本建筑中，竹、木、草、树皮、泥土和巨石这些天然材料，不仅能充分发挥出物理性质，还展示出它们的质感色泽之美，以纯素的形式构成日本建筑特有的魅力，雅致独到，洒脱耐看，在世界建筑之林显得卓尔不群。

图10-12 日本神社建筑结构示意图

图10-14 伊势神宫正殿

图10-13 严岛神社鸟居

图10-15 奈良法隆寺

自6世纪中叶开始，日本建筑逐步发展，佛教的传入带来了中国建筑形制与技术，佛寺、宫殿、城廓、神社等建筑深受中国传统建筑的影响。8世纪后，在中国唐代建筑特征的基础上开始向日本风格过渡，逐步形成统一的风格。从17世纪开始倾向自然朴实的风格，园林艺术独树一帜。明治维新后，日本向西方学习，建筑方式也开始西化之路。

日本神社建筑自6世纪开始流行至今，是日本神道教供奉神灵的建筑。日本现保留神社建筑在10万所以上，很典型的表现了日本建筑的特点。神社形制大同小异，正殿叫“本宫”，方形，木构造，有近似梁架式和近似穿斗式两种，悬山双坡屋面，正脊上横向垂直安置一排圆木，称“坚鱼木”，正脊两端各以两根方木交叉架于屋顶，高高挑起，称为“千木”。地板大多架于1米以上，有些在四周伸展出平台，称为“高床”。入口在长边或在山墙，设木梯；入口处有一座牌坊，一对柱子上架一根横木，下加一根横枋，插入柱内，称为“鸟居”，构件简单，比例和谐。

日本最重要的神社是三重县的伊势神宫，始建于公元500年，现每20年彻底重建一次，保护状态良好。建筑简洁，所有木构件和结合点都不施雕饰，精致明确，各构建线条平直、棱角鲜明，竖鱼木的两端，千木、栏杆，地板和门扉的节点上包裹金叶，在白木和茅草的温雅色调中增添了高贵的点缀，足见日本匠师美感的敏锐和思想的通脱。7世纪后，中国佛教建筑开始对神社的形制产生影响，主要体现在神社正殿有了佛寺的特点，鸟居横梁两端起翘，柱子侧脚收分，并使用斗拱。

佛寺建筑是日本非常重要的传统建筑，中国的建筑技术也随着佛寺的流行而深深影响了日本建筑。6世纪佛教传入日本，初期的佛寺建筑受朝鲜百济国影响较大，是以回廊围成方形院子，主要建筑和门排在中轴线上或轴线两侧。奈良法隆寺的五重塔和金堂始建于607年，是日本保留最完整的古代木构建筑群。而建于759年的唐招提寺，是中国高僧鉴真主持修建的，典型唐代风格，雍容大方，端庄平和。9世纪后，日本天皇制衰落，封建割据势力加强，佛教也已不是国教，佛教建筑也世俗化了。豪门贵族在宅邸中兴建佛堂，聚众念经，崇奉阿弥陀佛，佛堂也称为阿弥陀堂。这些佛堂装饰豪华贵重，光彩夺目，围以园林池木，代表着当时日本建筑和工艺的成就。1053年修造的京都府平等院凤凰堂是阿弥陀堂中最杰出的代表。

12世纪末以后，皇权没落，幕府制建立，世俗化的阿弥陀堂也停止了建造，佛教建筑失去了主导地位，变得粗陋、呆板，比较重要的佛寺建筑有京都1397年建造的金阁寺和1473年建造的银阁寺。16世纪末国家统一，佛教建筑有了短时间的繁荣，京都的方广寺大佛殿便是此时修建的，同时也是日本当时最大的木构建筑之一。而日本最后一幢大型佛教建筑物是奈良的东大寺大佛殿（金堂），751年初建，面阔11间，1696—1708年重建，改面阔为7间，但仍是日本现存最大的木构建筑物，形态劲健简洁。

图10-16 法隆寺五重塔

图10-17 唐招提寺

图10-18 京都府平等院凤凰堂

图10-19 金阁寺

图10-20 银阁寺

日本的佛教建筑与宫殿基本上是中国式的，但日本居住建筑却与中国大不相同，最具日本味。居住建筑不同内向院落式（即天井），房间双向布置，四面开窗，结构也不再全是平行梁架式，大多以轻型结构灵活架搭，内部空间自由多变。除贵族的大府邸之外，居住建筑不一定要遵循轴线对称的布局。宗教建筑形制保守，而居住建筑灵活多变，宗教礼仪与日常生活区别得很清楚，体现了日本人灵活求实的精神。

在日本宅屋中有一类非常具有日本特色的建筑——茶室，是15世纪中叶后日本茶道成熟的产物。茶室以萧索淡雅相标榜，追求自然天成，源于禅宗所追求的“天然顿悟”，纳天地于自身。广泛流行“草庵风”茶室，茶室一般很小，四席半居多，小至两席，多与野趣庭园结合，木柱、草顶、泥壁、纸门、毛石均以自然之趣采之；中柱是茶室最考究的构件，以古拙、夭矫为上品。茶室是日本建筑中性格极为典型的一类。草庵风茶室盛行之后，出现了一种田舍风的住宅，模仿茶室，称为数寄屋，相对而言，比茶室整齐一些，多讲求一些实用、少一些造作的野趣，因而更显得自然平易。木材常漆黑色，障壁上绘水墨画，是数寄居的一个特点。

日本园林艺术强烈地表达了日本文化中对大自然的亲切感情。受中国园林文化影响，日本园林也着重表达大自然的美，用象征式的手法，在方寸之地缩移摹写自然山水的广袤无垠。日本园林艺术更多的是借鉴唐宋时期的风格，现存的古典园林与中国明清时期园林又有不少差别。典型园林类型有枯山水园林和回游式园林。枯山水园林最具代表性，象征性极强，运用隐喻与顿悟，文化上与禅学联系在一起，用石块象征山峦，用白沙象征湖海，点缀少量灌木或苔藓、薇蕨，选石求其雄浑深厚，气象壮大，与中国求瘦、漏、透有所区别，单独或适当组合。沙面耙成平行的曲线，象征波浪万重，石根把沙耙成环形，似惊涛拍岸。植栽不求高大，不种花。通过内在的联系和象征意义，在尺寸地块造幻出万千山壑。回游式园林一般范围较大，景观丰富多变，景点密集，谓之“百尺百景”。路径曲折，穿行其间，峰回壑转，在有限面积内，缩小景点尺度，增加景色层次。景色分区而设，各区或以山景胜，或以水景胜，特征明显。相对中国式园林，主要差异在园林中建筑比重较小，仅有点景之茶亭；植栽花树较少，树木常裁剪，失了自然之美；用石方面更富有野趣真味，石灯、石水钵路径等都很有特色。

16世纪中叶，由于封建内战，各封建领国建造防御性的卫城，称为天守阁。天守阁建筑群建造得楼高势险，道路曲折，而层层向外分成几个环形带，武备森严。最有名的是姬路城的天守阁，高33米，外观5层，路径迂回，两侧石墙陡坡，并设有多重关卡，墙垣是石砌的，外面刷白，因此又称白鹭城。后期天守阁的军事意义大为减弱，也逐渐衰落下去了。天守阁作为日本的一种特殊建筑，以庄严伟大、气魄雄大取胜，是日本建筑中的杰作。

第三节 伊斯兰教建筑

伊斯兰教建筑是伊斯兰艺术的重要组成部分和主要表现形式之一，涵盖了从伊斯兰教兴起至21世纪在穆斯林地区和伊斯兰文化圈内形成的各种建筑风格与样式。

伊斯兰建筑以阿拉伯民族传统的建筑形式为基础，借鉴、吸收了两河流域、比利牛斯半岛以及世界各地、各民族的建筑艺术精华，以其独特的风格和多样的造型，创造了一大批具有历史意义和艺术价值的建筑物。10世纪后阿拉伯帝国分裂为若干个伊斯兰教国家，后来的奥斯曼土耳其帝国（14世纪后）和波斯的萨菲王朝都是国力和文化高度发展的国度，且都信奉伊斯兰教，对伊斯兰教建筑的发展和传播起到重要作用。随着技术和文化的推进，伊斯兰建筑艺术在中亚、北非、东南亚及中国西北地区产生了广泛的影响。其艺术成就主要表现在伊斯兰宗教建筑礼拜寺、帝王宫殿和陵墓等纪念性建筑艺术方面。

由于民族成分复杂，伊斯兰建筑不可避免地发展出地区性和时代性的差异，它们融和叙利亚、波斯和撒马尔罕的韵味，也融和了麦加和麦地那的风格，没有任何一个地方的建筑可单独说明伊斯兰建筑的特色。但宗教文化信仰的共同性，使得伊斯兰教世界的建筑有着一般的共同特征。如清真寺和住宅的形制大体相同，喜欢满铺的表面装饰；题材和手法也都相似，普遍使用拱券结构，且样式富有装饰性，等等。

伊斯兰建筑早期阶段是在罗马建筑传统的基础上发展起来的，同时又吸取了拜占庭、中亚和西亚等地区的建筑要素。伊斯兰教义反对以艺术的手段表现先知形象，受

图10-21 伊斯兰建筑精美的券和穹顶

此限制，穆斯林没有发展出发达的绘画与雕刻艺术，所以建筑是最重要的艺术门类。

伊斯兰建筑受地方文化传统的影响很深，吸收了当地各种文明的传统因素：在布局与基本形制上，受到基督教石造的巴西利卡影响；在构造技术上，受到西亚与中亚砖石结构和拜占庭拱顶技术的影响；在装饰上则继承了美索不达米亚与波斯的传统，主要表现在繁复抽象的植物纹样方面，这些成为伊斯兰建筑外观最显著的特点。

伊斯兰建筑重视装饰，从装饰材料到手法都极为丰富，券拱也具有装饰。装饰有两大类，一类是券和穹顶的多种多样的花式，一类是大面积的表面图案。券的形式有双圆心的尖券、马蹄形券、火焰式券、海扇形券、花瓣形券和叠层花瓣形券，等等。相应地，也大致有这些穹顶。尖拱是伊斯兰建筑语言的主要表现形式，它与古罗马的圆形拱券相比，在视觉上有向上的动感，而且结构上可以化减其上部的压力，使建筑物建得更高而且更为坚固。正是这一优点，使它成为后来西方哥特式建筑师的灵感之源。伊斯兰教义反对以人的形象来表现真主，所以建筑装饰母题仅以抽象的几何纹样、植物纹样、阿拉伯纹样和书法铭文为主，这些装饰母题大量覆盖在建筑的各个部分甚至是穹顶的外表面，再次显示出伊斯兰建筑喜欢复杂的特点。

图10-22 大马士革清真寺

一般清真寺都设有邦克楼，是为阿訇授时并召唤信徒礼拜用的，它们是礼拜寺的外观标志，甚至是当地穆斯林社区的垂直构图中心。邦克楼形制多样，可以是方形、圆形。8世纪中叶以后，在两河流域建造的一些清真寺塔，继承了当地古代观象台的做法，也有螺旋式的，反映了地方文化的特征。

在伊斯兰教建筑漫长的发展历史上，出现了许多经典的建筑。在伊斯兰教的发源地圣城麦加，有着一座被称为伊斯兰教的第一圣寺：克尔白殿（公元630年），意为天房，在它的东面镶嵌着一块神奇的黑曜石，是伊斯兰教朝觐的对象。

岩石圆顶清真寺（公元688年）是阿拉伯人在耶路撒冷为纪念穆罕默德升天而建造的，是集中式礼拜寺的最早实例，其结构明显受到拜占庭建筑的影响，平面为八边形，中央有穹顶，穹顶下面为圣岩，据说穆罕默德是踩着这块圣岩升天的。

大马士革清真寺（公元706—715年）是保存最完整、最早期的清真寺，它保存了其他一些属于清真寺发展阶段的典型特征。另一方面，寺院窗格上镂空的石头图案，展现了后来成为伊斯兰建筑标准几何形细部。

西班牙是穆斯林最早产生割据政权的地方，格拉纳达阿尔汗布拉宫是西班牙最后一个穆斯林王朝——纳斯雷蒂王朝于1338—1390年修建的，阿尔汗布拉宫给人梦幻洞穴的印象，使人惊奇又迷惑，精细的回纹浮雕和钟乳石使我们忘了它的平面规划相当简单，只是以精巧的院落串联起来的一系列亭阁单元。其主要院落包括清涟院（石榴院）和狮子院。

印度的泰姬陵（公元1630—1653）也是伊斯兰教建筑艺术的巅峰作品，是整个伊斯兰教世界建筑的结晶。另外巴格达的萨马拉大清真寺（公元848—852年）、伊斯坦布尔的蓝色清真寺（公元1610—1616年）都代表着不同时期不同地域伊斯兰教建筑的成就。伊斯兰教建筑艺术和技术大约在唐代传入中国，并与中国建筑相结合，出现了带有更多中国建筑风格的清真寺建筑，如西安的化觉巷清真寺和北京牛街礼拜寺等，但中国西部地区的清真寺建筑则略带地方性。

现代的伊斯兰建筑，随着世界第一高楼迪拜塔的兴建，也被提到一个全新的高度。迪拜塔的设计源自伊斯兰建筑的风格体系，大楼底部3个分开的基础就是迪拜沙漠地区植物蜘蛛兰的抽象版本。

伊斯兰建筑艺术已自成体系，和谐是伊斯兰建筑艺术的理念，这一理念内涵与外延非常丰富，是伊斯兰社会的关键因素。伊斯兰建筑与其周围的人、环境非常和谐，没有严格的规矩去左右伊斯兰建筑。世界各地众多的清真寺，各自使用地方性的几何模式、建筑材料、建筑方法，以自己的方式表达伊斯兰的和谐。

图10-23 阿尔汗布拉宫狮子院

图10-24 巴格达萨马拉大清真寺

图10-25 蓝色清真寺

参考文献

【1】张驭寰．中国古建筑分类图说[M]．郑州：河南科学技术出版社，2005.

【2】周至禹．形式基础[M]．北京：高等教育出版社，2007.12.

【3】陈文捷．世界建筑艺术史[M]． 长沙：湖南美术出版社，2004.

【4】唐鸣镝，黄震宇，潘晓岚．中国古代建筑与园林[M]．北京：旅游教育出版社，2008.

【5】吕洪波，于红坤，马先杰等．图说中国建筑艺术[M]．上海：上海三联书店，2008.

【6】邹文．中国建筑经典[M]．北京：人民美术出版社，2000.

【7】毛白滔．建筑空间解析[M]．北京：高等教育出版社，2008.

【8】乐嘉藻．中国建筑史[M]．北京：团结出版社，2004.

【9】吴尧．建筑概论[M]．北京：高等教育出版社，2008.

【10】李之吉．中外建筑史[M]．北京：中国建筑工业出版社，2015.

【11】陈志华．外国建筑史：19世纪末叶以前[M]．北京：中国建筑工业出版社，2010.

【12】季文媚．外国建筑史[M]．合肥：合肥工业大学出版社，2014.

【13】刘先觉，汪晓茜．外国建筑简史[M]．北京：中国建筑工业出版社，2010.

【14】梁旻，胡筱蕾．外国建筑史[M]．上海：上海人民美术出版社，2012.